U0615040

去做自己的山

刘思远 著

北京联合出版公司
Beijing United Publishing Co.,Ltd.

图书在版编目（CIP）数据

去做自己的山 / 刘思远著. -- 北京 ： 北京联合出
版公司, 2025. 3（2025. 9重印）. -- ISBN 978-7-5596-8199-7

Ⅰ. B848.4-49

中国国家版本馆CIP数据核字第202474H11F号

去做自己的山

作　　者：刘思远

出 品 人：赵红仕

责任编辑：刘　恒

北京联合出版公司出版

（北京市西城区德外大街83号楼9层　100088）

三河市中晟雅豪印务有限公司印刷　新华书店经销

字数105千字　880毫米×1230毫米　1/32　印张8.25

2025年3月第1版　2025年9月第6次印刷

ISBN 978-7-5596-8199-7

定价：52.00元

推荐序

何运晨

　　前段时间，思远姐和我说她要出一本书，我看了眼书名，感受颇深。"去做自己的山"，恰好也是这两年来我自己的体悟。很多时候，我们会觉得自己熬不住了，坚持不下去了，也很希望能有人拉自己一把。但身处旷野，放眼四望，最终能拉我们上岸的只有自己，只有越来越强大的自己。

　　我所了解的刘思远律师，既专业又亲切，她既可以是《亚洲法律杂志》评选的"中国十五佳女律师"，也可以是一位拉着你吃火锅，边吃边和你分享趣事的大姐姐。作为一个老板，她不画大饼，而是直接给饼，无论是肯定我想要在专业上继续扎根的想法，还是鼓励我跳出自己的舒适圈，和她聊天总能给到我很多的思考。

在这本书里，思远姐讲到了她一次次做出人生重大抉择时的心路历程，这对于初入职场的年轻朋友来说，真的很有启发。

我身边也常会遇到有各种困扰的年轻朋友，比如找不到心仪的工作，甚至是找不到工作；又比如不清楚如何才能从一众年轻律师里杀出重围，成为一名值得信赖的专业律师。对此，我的想法是，在能保证"填饱肚子"的前提下，多去体验和试错。人生不是精密的积木，缺少其中一块都会坍塌，比起活得正确，更重要的是学会一步一个脚印地成为自己想成为的那个人。当然，任何有价值的事情，都不是在轻松舒服的状态下就能完成的。当一个机会摆在面前，哪怕只有 10% 甚至 1% 的心意要去尝试一下，都要付出 100% 甚至 120% 的努力。我回头看自己这几年较为精彩的人生片段，无论是参加面试，还是更换执业领域，都是如此。

这样一个从 0 到 1，再到 100 的过程，就像"升级打怪"。路途上难免有压力、有焦虑，但如果一路上能常听到一位亲切的前辈唠叨两句，我想是一件非常幸运的事。

自序

刘思远

　　编辑最早来问我，愿不愿意写一本书的时候，我是犹豫的。一来，我觉得自己的成长路径是非常个性化的，不具有普适性。这样的书写出来，真的对读者有用吗？会不会反而可能误导他们？甚至带来对精英主义的讨伐？二来，此前我也会写一些总结和记录性的文字，过几年回头看时，总觉得幼稚。那么现在的这本书，未来再看时，会不会也觉得不成熟呢？

　　其实自从《令人心动的 offer》第五季播出后，无论是在社交媒体评论区，还是私信里，都有好多粉丝问我能不能出本书，写写我的成长故事，讲讲我是怎么走到今天这一步的。最终打消我顾虑的是编辑最后对我说的话——"你只是给大家提供一种路径、一个范本，至于能从中参考多少，每个人都会有自己的判断。"我觉得这样也好，在自己快四十岁的时候，对前半生梳理一下，无论是那些成长过程中散落的片段，还是越发成体系的价值观和行为准则，都是值得记录的。

在写这本书的过程中，我试图唤醒脑海深处的那些记忆，努力把自己的观点编织成网。整个过程对我来说，也是另一种成长。

我是一个幸运的人，出生在一个知识分子家庭，父母给我的最大财富，是丰富的精神力和极大的安全感。

我是一个勤奋的人，也许是因为天生要强的性格，我一直努力上进，不断攀升，能和惰性做对抗，一旦确立了目标，就会努力争取实现它。

我是一个勇敢的人，很多人因为缺乏临门一脚的勇气，失去了再上一个台阶的机会，而我每一次都跳起来抓住了机会，这让我能够从一个小城市走到大家面前。

我是一个乐观的人，从小父亲教育我，要把坏事变成好事，要从失败中吸取教训，"天将降大任于是人也，必先苦其心志"。这些老生常谈的大道理，我居然都听进去了，而且塑造了我的行为方式。

遇到失败善总结，遇到机会敢抓住，遇到困难不放弃，这一路哪怕不是披荆斩棘，也算得上磕磕绊绊，可你要问我吃了多少苦、受了多少累，我又不记得多少，伤总是好得快，随时都可以整装再出发。

现在有个词，叫作"幸存者偏差"，将突出重围的原因，归结于太多的客观条件，于是便有了"牛马""罗马"论，有了营销号常用的标题"看了×××，才知道努力是最不重要的"。可我们为什么会在每次灾后研究幸存的人？不就是想在各种偶然中找到必然吗？

我决定不了客观条件，依赖不了别人，又不愿意把自己交给命运。所以我只能充分调动自己，争取一个"逆天改命"的结果，拼命去做自己的山。

如果你正在焦虑迷茫，基于个体的差异，我没法给你指一条路，但我希望你能从这本书里获得继续前行的力量。

如果你正在纠结彷徨，那就遵从自己的内心，去选择让你开心的幸福方式，对可能的结果，不怨天，不尤人。

如果你正在高歌猛进，那我真心地祝福你，也会提醒亲爱的你看清脚下的路，避免可能的坑。让我们都能长长久久走下去。

如果我有幸能让你打开这本书，那么我愿意让你看到一个被"解剖"的我，了解我成长的阵痛，分享我成功的喜悦。愿我们能隔着薄薄的纸张，成为虽然素未谋面，却又惺惺相惜的朋友。

★ 目录

第1章

你就大大方方
做自己

第 2 章

拿着别人的地图，找不到自己的路

第 3 章

一切都在
转念之间

第 4 章

事必有法，
然后可成

第 5 章

种一棵树最好的时间，是现在

第 6 章

答案
在路上

第

1

章

你就大大方方
做自己

01

认清自己，是最重要的事

2024 年夏天，电视剧《我的阿勒泰》爆火，里面有一个片段非常"出圈"，打动了很多人。女儿李文秀倚着一棵大树说："我虽然笨手笨脚，但我还是个有用的人对不对？"妈妈张凤侠反问她："啥叫有用，李文秀？生你下来是为了让你服务别人的？你看看这个草原上的树啊、草啊，有人吃有人用，便叫有用；要是没有人用，它就这么待在草原上也很好嘛！"

我想，大家之所以会被这段对话打动，是因为传统认知中，我们总觉得，一定要活得有用，人生才算有意义，要么能赚钱养家，要么能承担家务劳动。但如果时时刻刻都以有用与否来衡量，我们就会将自己约束在条条框框中，直至紧绷得让人难以忍受。况且，任何人都没有权利质疑他人的生活，一个人的生活是否有价值，最终只能由自己评判。若他能够遵从自己的内心，按照自己的方式自洽地度过一生，这就是最有价值的人生。

前不久，一位年轻的粉丝朋友在社交媒体上问了我这样一个问题：自己想留在大城市追求职业梦想，但过年团聚时，父母却催她回家考公务员，该怎么办？在我看来，这个问题并非难以处理，我们可以参考和尊重父母的意见，但真正能指引我们做出决定的，一定是自己的内心。如果你确信大城市的机遇和挑战更符合你的志向，那么请勇敢地选择留下。当你的内核足够坚稳时，旁人的各种声音便不足以动摇你的决定。

　　不过在这个问题中，有一个先决条件，就是你需要足够了解自己。我们从小被规训要听话，要顺从，要做个乖小孩，往往因此忽略探寻自己真正的渴望。无论是选择留在快节奏的大城市，还是回到宁静的家乡成为公务员，这两条路径本身并无绝对的优劣之分，关键在于，这是不是你内心真正向往的生活，是不是基于自我认知做出的选择。

　　于是每当我说我们需要了解自己的时候，就会被问到下一个问题：我们如何了解自己？不得不承认，了解自己并不是一件容易的事，这是一个漫长的过程。我有一个亲身试验十多年的方法：向自己提问。它帮助我揭开内心的层层迷雾，让我更加接近真实的自我。

　　向自己提问是一个深度挖掘内心世界的方法，需要不断回顾自己的经历，审视过往经验中的情感反馈。不论是愉快、悲伤、愁苦还是兴奋，我们都要像剥洋葱一样，一层一层，剥开外部的评判，剥开世俗的标准，直至触及内心的真实需求。比如，你在高压工作后，发现自己更倾向于寻求更有平衡感的工作与生活，那么这便是你内心的真正呼唤。再比如，比起不喜欢的工作带来的高薪，你更享受从事自己热爱的工作所带来的成就感，这便是你真正喜欢和适合的。只有追随内心的声音，我们才能用足够波澜不惊的心力和态度，去包容每个选择背后会涌现的各种境遇。否则，逆心而行，很容易让自己反复掉入拧巴的旋涡。不过有一点需要注意，我们在审视当下的生活状态时，还应该将目光投向未来，不能仅仅为了满足即时的快乐，还应该带着一种预见性的思维，用更长远的视角选择当下的生活轨迹，至少确保不给未来的自己留下遗憾。

按照自己的意愿行事，生活会回馈给你一种积极的能量，其中一点就是心安。心安是一种怎样的状态？就是你能按照自己的节奏，带着希望和目标稳步前进。要达到这种状态，你就需要让自己的路径与目标契合一致，言行与举止符合自身逻辑。

在不同的人生阶段，路径和目标会随之变化。年轻时，刚踏入社会，我渴望努力工作改善生活，于是铆足了劲儿加班工作；到了中年，我追求在法律领域留下更多成果，于是不断积累资历，拓宽专业边界。这些清晰的目标和路径，让我能够安定地走好当下的每一步，内心充满安全感，知道自己正走在正确的道路上。

不过，心安的标准因人而异，有人拥有较大的野心，有人满足于一日三餐。几年前，好朋友的妹妹来北京找工作，她面临两个截然不同的选择：一个是互联网大厂提供的高薪高压职位，另一个是稳定且能解决户口问题的国企后台支持部门的工作。我的好友在一家大型央企工作，是一个典型的工作狂，经常工作到半夜，他深信工作的价值，自然倾向于推荐妹妹选择互联网大厂。他让自己的妹妹来找我吃饭，可能也是希望我这种同样事业心很重的心态能够影响妹妹的选择。但我和他的妹妹接触后，发现她跟我并非同一种人。我们聊起她理想的生活状态。她告诉我，她向往的是在工作之余，还能享受生活的美好，下班时天空仍有光亮，简单吃完晚餐后，一个人去公园散步，或是约上朋友看一场电影。对她而言，工作之外的生活同样充满意义，她追求的是在工作和生活之间找到平衡。

听完他妹妹的想法，我想她已经明白自己真正追求的是什么。不出所料，最终她选择了那份工作时间稳定、压力相对较小的国企支持部门的工作。对此，我的朋友非常不解："本想让你劝劝我妹妹选择互联网大厂，怎么她还是选了支持部门的工作？"我回答他："不是所有人都想努劲儿往前跑，我们也不能拿自己的价值观去衡量别人，给他们贴上我们以为'正确'的标签。你妹妹比你更清楚自己想要什么，她能为自己做出最适合的选择。只要她心安，那就足够了。"

一个人想要心安，就必须在内心深处自问：我真正的目标是什么？我选择的道路能否引领我抵达那里？我至今仍然这样问自己，这是一种帮助我排除外界杂念和噪声的有效方式。你无须追求成为他人眼中的有用之人，更不应因外界的价值观而忽视自己的内心。让自己感到舒适，按照自己的方式去度过一生，这就是最重要的事。

02

每个人都有自己的时区

　　我一直是一个善于提前规划，并认真执行计划的人，所以回看我的前半生，几乎没有走过岔路、弯路，我一直很清楚自己想要的是什么，并且能够实现这些目标。有时我会收到粉丝们的留言，问怎么样才能像我一样，明确自己的目标，逐步实现它们，而不让自己陷在焦虑里。之前，我和海清姐一起参加一档旅行综艺节目，中途聊起了这个话题，她对我说："每个人和理想相遇的时机是不一样的，有人早早遇见，有人则稍晚一些，但重要的是不要放弃去寻找。"

　　这个世界中的人形形色色，我们常会被别人的生活所吸引，试图通过他们生活中的一个切面，来审视自己当下状态的好坏，有时，甚至会以此定义自己的价值。但是，要知道，**每个人都在自己的时区里，有自己的节奏，你没有领先，也没有落后，更不用羡慕或嘲笑任何人，因为他们也在自己的时区里，和你一样！**

　　清楚自己所在的时区是人生的重要课题。如果不了解真正的自己，总是将自己置于不适合的时区中，那么人生之路难免会走得磕磕绊绊。在我看来，时区包含了两个层面：空间和时间，它们是了解自己的关键维度。我想从这两个维度出发，和大家分享定位自己生命时区的方法。

　　空间：人不一定要往高处走，而是可以往四处走。

　　前段时间，我看了 Olga 姐姐采访一名自媒体博主的视频，她在里面提到，学校教育让我们习惯追求满分，认为那才是优秀的象征。但步入社会后会发现，成功的定义远不止于此。**人不一定要往高处走，人可以往四处走。** 这句话让我深受触动，我开始反思，我们是否过于狭隘地将"向上爬"定义为唯一的成功路径？往高处走很好，往四处走也很好，待在原地同样能遇见别样的风景，甚至可以选择后退一步，只要内心感到舒适和满足，这些都是个人选择。

　　律师行业中，在初级律师助理阶段，女性的比例超过50%，但到了合伙人级别，女性的比例就下降得非常明显。这个过程中女性的减少有客观因素，也有主动选择的因素。虽然我个人在职业上总是追求向前一步，但完全尊重和理解做出其他选择的人。如果清楚自己是一个家庭主义者，想要将重心移向家庭一边，那选择"上岸"做法务，或许可以更好地平衡工作和家庭。让自己的目标和路径自洽，比盲目跟随他人的脚步更为合宜。脚下的每一步，无论迈向哪一个方向，都是自由的，都能走出一条独属于自己的路。

时间：了解自己的适合与不适合，是一个需要沉淀的过程。

　　了解自己适合什么、不适合什么并非仅靠想象就可以的，这是在与外界的互动中日益积淀、逐渐形成的。人不是孤岛，很难一开始就清晰界定自己，"自我"往往是在与他人和环境的交流碰撞中逐渐显现的。自己喜欢什么、厌恶什么、在何种状态下感到满足或不快，人正是在刻意寻找和探索这些的过程中，发现那些能够激发自己内在潜力的时刻的。

　　拿毕业找工作举例，我在大学阶段的每个假期几乎都在实习中度过。除了想充实自己的经历外，更关键的是，我希望能早日明确自己的职业方向，探索在法律领域中，我的能力、兴趣、喜欢的生活状态与哪个方向更为匹配。尽管实习的工作可能相对简单，但这让我有机会观察周围同事的工作状态，深度体验不同的工作环境。在不断尝试、交流、观察和自我审视的过程中，我逐渐构建起对不同法律岗位的理解。后来我意识到，每次负责诉讼相关的工作内容时，我都会产生极大的热情；在工作之余，我还会额外补充相关资讯。认识到这一点后，我在毕业时毫不犹豫地选择了诉讼律师作为我职业生涯的起点。

认清什么最适合自己，并非一朝一夕之事，也不是仅靠书本教育就能完全了解的，这真的需要我们多去寻找和尝试，用时间积累换来对自己的认知沉淀。很多时候，我们可能会狭隘地认为自己只适合某种工作，这往往是因为我们对生活和职业的想象太少了。当处在对自己和外界都知之甚少，但又必须做出人生选择的时间节点时，我们很难不对未来产生迷茫和焦虑。所以我真心建议，每个人都要尽早抓住时间，积极寻找探索外界的机会。即便在一系列尝试之后仍然不确定自己热爱什么，但至少可以明确自己不感兴趣的领域。

在时间的长河中缓缓积淀，在足够的空间中自由探索。不要急于模仿他人，每个人的性格、喜好、经历都不相同，没有人能完完全全复制他人的人生定点和轨迹。我们的目标只有一个，那就是成为最真实的自己，而这个目标的实现需要在时空的不同维度深入探索和实践，以此定位真正属于自己的生命时区。

我在探寻自我的这条路上，已经与自己的内心达成了一种默契：不必羡慕他人的生活，只有适合自己的，才是最好的。左顾右盼往往会让人错失幸福与快乐，东张西望则可能失去对生活的把控权。在自己的节奏中过好一生，比赢过他人更为重要。生活最好的样子，就是按照自己的节奏，每一步都刚刚好。

03

有野心，怎么了？

一个人的野心，其实都藏在眼睛里。

在 2024 年的巴黎奥运会上，很多人都对我们国家的网球运动员郑钦文给予了很高的关注，我也被她的表现深深鼓舞。让我印象特别深刻的是她在比赛时的眼神，那是一种猎人般的专注，狠狠地盯住球的动向，眼睛里写满了"想赢"二字。奥运会之后，很多人欣赏郑钦文的野心和不服输的精神，即便不在现场，也能感觉到她强烈绽放的生命力。

如今，社会舆论对"野心"这个词的定义已经越来越偏向褒义。前几年，当别人对我说"你好有野心啊！"时，我还会委婉地表示："我只是事业心比较强。"而现在，我可以毫无负担地展现自己的欲望，而不被视为贪婪。从某种角度上看，当女性开始大胆表现野心，这也说明在刻板印象里一些定义女性的传统观念——温婉、贤淑不再是唯一的标准（当然，我觉得两者之间并不矛盾，有野心的人也可以内心温柔）。当社会中每一名普通的女性都可以大胆谈论自己的野心时，"野心"这个词本身就有了更多的价值和意义。

不论这份意义从何处谈起，我们越来越清楚的一点是：野心绝非贬义词，它意味着积极进取，奋力追求自己想要的东西。在巴黎奥运会比赛结束之后，郑钦文曾霸气地表示："自己不在乎对手是谁。"当时这句话还引来一些人的嘲讽，认为她太"狂妄"，但她说："如果你没有始终保持野心，将很难取得胜利。"从小到大，我们一直被教育要收起自己的野心，要隐藏胜负欲，要随和好相处，成为一个没有攻击性的人。可这样的你是真正的你吗？被世俗掩盖起来的欲望，你不想要满足吗？别让这些外在的定义，掩盖你的光芒。你的欲望，可以大大方方展现出来。

如果说"大方展现自己想要的东西"是野心的第一层表现，那么第二层表现则是让野心回归行动，将它落地成每一步具体的执行。我们都是平凡的普通人，想要什么，如果不主动争取，难道要等人送到自己的手里来吗？主动是让野心实现的唯一武器。但这种主动，不是停留在"大声说想要"阶段，而是提升自己能力，让自己德可配位。

在 30 岁那年，我想自己做合伙人。对我来说，这个选择充满了压力，也有人质疑，一名这么年轻的女性真的能做好吗？我从未因这些话动摇或者怀疑自己，因为我知道这就是我想要的。野心是一种生于本能的驱动力，推动我必须做出这个决定，走这步路。30 岁生日当天，我完成了上一家事务所的交接工作，第二天直接入职新的律师事务所，一刻也不愿意停歇。第一个月，接了三个项目；第一年，签下近千万元的合同，办了好几个里程碑级的大案子。当然，这些成绩的背后，意味着极高强度的投入和付出。晚上回酒店，脱掉高跟鞋换上拖鞋时，脚后跟落地的那一刻，整个人已经疲惫到可以往地上一躺立刻入睡，但仍然得强撑着打开电脑继续工作。可这就是我喜欢的——开庭时带来的肾上腺素分泌，谈下案子时的强烈成就感，想要让自己的名字在中国法律史上留下一笔……所以过程中的每一个问题，都成为我的动力，让我拼命打磨自己的专业能力，让野心落地与实现。

在与野心同行的日子里，我也越来越了解自己，明白了什么样的方式最适合自己追求目标。追逐野心的道路往往不会是一片坦途，野心有时候会让我们急于求成，我常会以旁观者的视角审视自己追逐野心的步调，以此调整现阶段的节奏。在面对这个过程中的困难时，除了解决实际问题，更重要的是调整自己的心态，思考如何面对澎湃的野心。

　　最近，我参加了《令人心动的 offer》第六季的录制，当时，已经完成了三个课题任务，但实习生王文翰的 KPI（Key Performance Indicator，关键绩效指标）仍是零，他很焦虑。为了在正常提交课题作业后再额外获得 KPI，他选择了提前交卷，但因为没有充足的时间完成法律检索，结果并不理想。理性地来看，这个并不理想的结果或许是一种提醒，提醒他需要反思自己是否将目标定得太高，以至于目前的能力还没法达到目标所要求的水平。仓促之下交卷，过于追求时间而放弃成果，会因为急于求成而产生事与愿违的后果。很多事情，并不是以"快"就可以攻克，有时候，慢慢来，才能走得更扎实。

　　其实我完全理解文翰这么做的原因，他是有好胜心的，想要尽快弥补差距迎头赶上。在我的内心，我一直都很赞赏这种有目标、有野心的态度。但在这个过程中，我们需要认清自己现有的能力值，如果发现能力还没有达到目标，那要做的就是脚踏实地、稳步提升自己的能力。随着能力值逐步提高，总有一天能够达到目标。在后来的课题中，我们也看到了文翰非常不错的表现。不过我们还需要注意，如果目标定得太高，与现实差距太大，会导致压力提高、动作"变形"、心态崩溃。那么适当降低目标当然也是可以接受的。我喜欢定一个自己跳起来能够达到的目标，既能够达到，但也需要跳起来。就这样一个目标一个目标设定下去，一次一次跳起来，越跳越高。总之，不管是哪一种选择，只要内心自洽，就是最好的选择。

我始终相信，野心的落地并不是为了向他人炫耀自己的能力，而是为了在向前方迈进的路途中，与内心真实的自己相遇，这将是野心的最终指向，它能让你清楚你想要到达的目的地在哪儿，你最舒服的状态

是什么，以及你究竟想要过上什么样的生活。选择拼
搏攀爬实现野心抱负没有错，想要拥有风平浪静的闲
暇也没有错，最重要的是自己的目标和路径是自洽的。

野心最终会带领你走上"成为自己"的路，它拒
绝任何统一的标签和定义。它让我们相信，只要不断
朝着自己的目的地奔跑，不断追求自己的热爱，就会
成为理想中的模样。因此，我们在前行中笃定，最大
的野心就是永远把选择权握在自己手里，按自己的意
愿过一生。与野心同行，在不设限的世界里成为最真
实的自己。

终有一天，有一束光会迎着你而来，而当你成为
发光体时，没有人再能掩盖住你的光芒，你将永远充
满生机，永远野心勃勃！

04

当然要哄自己高兴

"达洛维夫人说她要亲自去买花。"

这是英国作家弗吉尼亚·伍尔夫的小说《达洛维夫人》开篇第一句,当我读到这句话时,心底不禁生出一丝共鸣。按照那个时代的标准,达洛维夫人嫁入豪门,享受着许多人梦寐以求的生活,物质丰富、家境富足,看似拥有了一切,可是她的内心仍然感到一种失落,似乎有什么正在失去。她明白失去的正是她的自我,在大多数时间里,达洛维夫人做事的目的并不是出于自己的意愿，而是迎合别人的期待。所以，她想亲自去买花，依照自己的心意。

前段时间，我的好友 Olga 姐姐与我约会见面，她发现我的办公室里也有一束鲜花，我告诉她，即便是一个平凡的日子，我也会为自己买一束花。从小到大，我一直都是一个乐于满足自己愿望的人，无论是给自己买鲜花，还是送自己喜欢的礼物，甚至连戒指我都不需要别人送。这都是我为自己寻找生活乐趣的方式。我相信，一个人的兴趣越多，拥有快乐的机会就越多。而将快乐建立在自己身上，不依赖他人来满足自己的需求，自己爱自己，是直抵内心满足和幸福的最快方式。

我常常在劝慰朋友时说："自己开心是最重要的事。"这句话也是我一直以来的信念。生活是多面的，包括工作、休闲等，而每一个方面都可能是我们抓住快乐的把手。在面向这些不同的生活时，找到那些能够触动内心喜悦的点，生活的天平才不至于轻易失衡。

　　像在生活中，我是一个极容易为兴趣、爱好和情绪消费的人。我本人是泡泡玛特的痴迷爱好者，今年年初，看到泡泡玛特的皇冠 Molly 后，我忍不住心动。虽然理智告诉我，六千块钱的手办价格确实高了，但从感性角度出发，一看到可爱的 Molly，我就想带它回家，让它陪我一起生活。最后，我还是买下了 Molly 的手办，现在回家只要看到它，我就会心情很好。

　　曾经看过一篇讨论花钱能否买来快乐的文章，结果发现，在接受访问的人里，肯定的回答比想象中多。现在，许多年轻人会用更精简的护肤品，吃更随意的食物，却愿意为自己的爱好和兴趣投入金钱。很多人愿意为了自己的精神需求"慷慨解囊"。我对其中一位受访者的回答印象很深，他说："大多数情况下，这样的情绪消费是没有性价比的，但生活中'值得'的瞬间又有多少个呢？"为了这几个瞬间，消费是值得的。千金难买我高兴。当然情绪消费也需要保持理智，花钱并非解决情绪问题一劳永逸的方式。避免陷入消费主义的陷阱，还要理性思考。

在工作中也是如此，许多人觉得工作辛苦，可能是因为还没从中找到让自己快乐的抓手，这是非常重要的。毕竟，工作占据了我们生活的大部分时间，如果总是陷在消极的情绪里，那将成为"毫无意义的浪费"。而要找到快乐的抓手，路径就是多尝试，在多尝试之后找到那些能让自己全心投入并感到快乐的工作内容，然后努力将这些工作融入生活方式中。以我自己为例，我在成功赢得提案或在法庭上进行陈述时，会感到肾上腺素疾速上升。这些工作中的成就不仅带给我巨大的满足感，也让我在那些瞬间感到无比快乐。快乐能量的持续积累，也推动我不断实现自己的职业理想。

在生活和工作中，哄自己高兴是不可或缺的，但同样要认识到的是，哄自己高兴不是任性，追求快乐不意味着放纵自己。真正的快乐不会建立在超出自己经济能力的消费上，也不会是一种不考虑长远后果的逃避行为。**快乐是一种平衡，是在理性和情感之间找到的和谐，是享受当下，是认真生活。**

一个人真正开始爱自己的时候，就是更诚实、真实面对生活的时候——能够欣赏自己生命中的每一个起伏，能够好好照顾自己的身体和情绪，能够理解并妥善处理内心的各种欲望，能够找到让自己内心丰盈的方式。

无论如何，我们都应该把大部分时间花在自己身上，多哄自己高兴，剩下的，顺其自然就好。

05

永远不要给自己设限

　　《令人心动的 offer》第五季的第十期陪看，是所有带教律师和学员们一起看。节目接近尾声时，我们每个带教律师要送给大家一句话，我说的是："不要给你自己的人生设限，你们的未来拥有无限的可能性。"这也是我一直说给自己的话，我始终相信人生没有界限。

　　我一直都认为，一个人的人生是三维的，是深度、广度和高度的统一。我选择在法律行业深入扎根，这是深度；想要在其他领域也能有所拓展，这是广度。

而在广度和深度之间存在着一种权衡，越是拓宽广度，在深度上的专注可能就会越少。如果广度和深度能够有机结合、触类旁通，发挥更高的效能，获得更多的收益，创造更大的价值，换取的就是人生高度。

我在很多事情上，都秉持着这样一种价值观。在我的人生中，我从不给自己的未来设任何的限制，将自己框定在无谓的固有边界之内。像我的主业是法律，但现在我也尝试做自媒体，又去攻读了 EMBA（Executive Master of Business Administration，高级管理人员工商管理硕士），渐渐开始做一些股权投资，未来可能还会进入其他新的行业。我希望自己能永远保持探索新领域的热情，始终对新知识保持开放和接纳的态度。

在《令人心动的 offer》第五季播出后的一年里，我开始尝试做自媒体，有些人看到后会问我，是不是已经放弃律师职业，转型成为全职博主？答案当然是：不，律师是我将终身从事的职业，是我想要深入扎根的深度，而自媒体是我想要拓展的广度，让自己看到更广阔的世界。我在权衡深度和广度的问题时，用到的一个通用方法是，选择一个领域深入钻研，再铺开寻找几个其他领域的兴趣，浅浅研究。

在许多人的观念里，一个人似乎只能专注于一件事，同时做好几件事是非常困难的。但我想说的是，只要我们能合理管理好时间和精力，同时应对多个领域的挑战是完全可行的。

当然在这个过程中会有人质疑，觉得我在互联网上做自媒体最大的目的是想获得案源。这其实是一种误解，因为我的客户并非互联网受众，而是一些上市公司的实控人、券商的合规总监，他们都不太可能在互联网上找律师，甚至他们都不怎么看社交媒体。

我内心真正的想法是，希望自己可以通过自媒体，将我的观点传递给更多需要的人，或是跟年轻的朋友们分享一些生活的经验和思考。更重要的是，我觉得这是件很好玩的事，我的人生可以因此而变得更加丰富，又有机会接触到不同圈层人群的故事。

我想，人生绝不仅仅局限于单一路径，而是充满了无限可能，只要我们愿意打开自己的视野和步伐。最近一年，我开始尝试做商业采访，我有一个目标，就是用5年时间带大家走进一百个不同的企业或行业。回想起高考时，我在新闻学和法学之间犹豫不决，最终放弃了新闻，选择了法律。但现在，我似乎终于把18岁时放弃的那一部分人生找回来了。

我的第一期商业访谈是和一个肌肤护理品牌进行的。在前期准备工作中，我看到他们对产品来源、含量、质量、功效的四个重磅承诺，但真实的情况是什么样的？他们又是如何进行产品创新、品牌管理的？这些问题让我对他们感到极其好奇，所以我前往他们位于西安的工厂，与他们的首席科学家、研发总监都进行了深入访谈，了解背后的各种原理。后来，我和很多不同领域的代表人物访谈，这种和外界不断碰撞，由此长出一个新的"我"的过程，让我获益匪浅。

　　永远不要给自己设限，因为生活中充满了无数种可能，我们可以成为自由探索的人。不必让外界的期待成为我们的框架，更无须畏惧失败或嘲讽。**勇于向四周走，去遇见不一样的风景，你会知道，你的人生，一片明媚。**

第
2
章

拿着别人的地图，
找不到自己的路

01

别卡在不适合的环境里

　　没有人能够完全脱离环境独立存在。环境犹如一位雕塑家，形塑着我们的行为方式和心理状态。即便一个坚守本性的人，在不同的环境下，他对周遭人事的态度也可能会截然不同。

　　举一个小镇姑娘的例子，如果她选择不结婚，追求自由自在的生活方式，在家乡复杂而紧密的人际关系网中，她可能会被贴上"不孝女""剩女"的标签。然而，在更为开放和包容的大城市，她的这种选择可能更能得到理解和尊重。尽管她本人没有变化，但环境的改变却极大地影响了她的感知。现实生活中，还有很多类似的情况。一个很好学的人，去了一个大家都只求及格的学校，自己一个人上自习甚至会被宿舍其他人排挤；一个下班就要回家的人，却到了一个非常"卷"的工作环境里，被拖着加班……有时候，我们与环境之间的冲突，并不是因为我们的价值观或者行为方式有问题，而仅仅是因为彼此间不契合。面对各种不同的情况，通常我们有几种应对方式——适应环境、隔离环境、换个环境、改变环境。

　　第一种，适应环境，让好的环境塑造更好的自己。

　　我在毕业刚工作时，也经历了很长时间的适应期。需要适应工作内容、工作节奏、工作方式、工作环境等方方面面。但我清楚，从学生到职场人身份的转变，必然要经历这样的过程。这个环境是有助于我成长的，所以我需要去适应它，并从中汲取养分。

第二种，隔离环境，坚持自己的价值判断，做自己就好。

换个环境和改变环境并不是一件容易的事，可能成本太高，可能客观条件不允许，也有可能是自身能力还达不到。当我们无法适应或者不愿意去适应时，那就先做到隔离环境。所谓隔离环境，是指坚持自己的目标和路径，保持自己的生活方式，哪怕不被环境中的主流所接纳。

这其实非常难，需要有充足的自信、稳定的内核，不过分在意别人的评价，而是用自己的评价体系来定位自己。之前有个女孩在我的社交平台上留言，说她一去图书馆就会被室友冷嘲热讽，因此非常苦恼。旁观者清，底下所有的留言都让她别理睬那些室友。但确实，深陷其中时，这样负面的环境包裹着自己，难免会有消极情绪，特别对于年轻、内核不稳、情绪起伏大的朋友们。所以，我们要学会在外界的质疑和压力下坚持自我，时不时让自己跳脱出当下的环境，如果觉得自己没错，那就坚持做好自己。

第三种，换个环境，问题可能就不是问题。

当我们年纪尚小，或是自身能力还不足以改变周围环境时，换个环境通常是一种更易实行的方式。正如前面所说的小镇姑娘，如果发现自己的价值观与周围人实在难以统一，可以选择从那个让自己别扭的环境中解脱出来。当离开去到一个新的环境时，你会发现，自己其实并没有那么糟糕，甚至可能非常出色。

之前去 Olga 姐姐家做客，我们聊到什么时候可以跳槽时，也提到这一点。有的时候我们跳槽是因为想打破天花板，做出突破性的身份转变（比如我从授薪律师到独立合伙人的跳槽）；有的时候是因为不喜欢原来的工作环境，在那样的工作环境中待着，会让自己负能量满满。而对于后者来说，如果你清楚问题并不在于你自身，坚信自己的行为是对的，同时凭借自身能力能够换到一个好的环境，那就不要被环境牵着鼻子走，勇敢离开那些让自己不快乐的地方，问题自然就会迎刃而解。

第四种，当自己有能力时，要做改变环境的那个人。

当自身能力值不断提升时，我们就要敢于成为改变环境的人。拥有多大的能力就可以去改变多大范围的环境。如果是团队负责人，我们可以着手优化团队的小环境。随着个人能力逐步提升，我们就可以对更广阔的环境产生影响。

自从开始自己带团队后，我就一直很看重给团队营造充满安全感的工作环境。之所以如此重视在团队中营造安全感，是因为在我的成长经历中，我深刻感知到它对于激发个人潜力和能量的重要性。尤其对于那些刚从学校毕业、步入职场的年轻人，他们像一张白纸，如何塑造和影响他们，将会形成他们对职场的初步印象。所以我既要确保他们的物质条件能够满足基本的生活需求，又要能为他们的职业发展提供长远规划和支持。

这一方面体现在薪酬上，我会确保他们能够在大城市享受体面的生活。理想虽然宝贵，却无法取代日常生活的基本需求，只有薪酬合理了，才能让他们没有负担地工作，同时也能认可自己的价值。

另一方面体现在职业发展上，我不仅在业务层面给予指导，让他们掌握必备的技能和知识，还让团队伙伴清晰自己的职业发展方向，看到自己的成长路径。我会在团队伙伴职业发展的每个关键阶段，主动和他们深度对话，摸索和挖掘他们的潜力、兴趣，了解他们目前面临的挑战，共同探讨未来应该如何更有效地应对。当他们对自己的未来有明晰的蓝图时，脚下的每一步都会更加坚定和有力。

当以探路者的身份与年轻伙伴并肩而行时，我会希望用自己这些年积累的行业经验，帮助他们拓宽视野，弥补可能存在的信息差。或许只是交流时的某一句话，也会成为他们前行路上的锦囊。我知道，这些经验和信息不能代替他们自己的探索，但仍然希望这些能在他们遇到困难或者需要指引的时候，成为他们坚实的后盾。

前段时间，在与北京师范大学教授钱婧老师对谈时，我们谈到了人与环境的关系，我分享了一个观点：只要有机会，就应该选择一个令自己感到舒服的小环境，屏蔽或改变那些造成不舒适的因素。虽然我明白，受到种种因素牵制，许多人可能无法自由选择生活的环境，但我仍然想要坚持的想法是：如果能够保障自己的基本生存需求，我们应该努力塑造或选择一个能够促进自身成长、让自己感到更为幸福的环境。有时，面对看似无解的问题，关键可能并不在于问题本身，而是在于所处的环境。当我们跳出不利的环境或者改变环境，找到能够激发潜能和能力的空间时，许多问题便不是问题。

上学时，我们背过一个知识点：人的本质是一切社会关系的总和。如今，随着生活经验的积累，我对这个观点有了更深刻的理解。正是在与他人、与周围的互动交流之中，我们才得以洞察谁是值得我们珍惜的人，哪里能够塑造更好的自己。一个舒服的环境，可能无法给你带来百分之百的成功，但一定能让你获得百分之百的幸福。

02

初入职场，如何确定职业道路？

在律师圈，有两个词特别火，一个是"万金油"，另一个是"专业化"。这两个词代表着律师职业道路的两个选择：前者形容律师懂得很多个领域的知识，但可能杂而不精；后者是指律师有专攻的领域，但可能专而不全。

一个青年律师，应该成为"万金油"式的全能律师，还是术业有专攻的"专业化"律师呢？

这个问题是《令人心动的 offer》第一季的实习生

何运晨在智合论坛上代表各位青年律师提出来的。其实不光在律师行业，所有青年职场人都会面临这样的现实问题。一方面，专业化代表着自己深耕某个领域，并可以在此积累体系化的技能、资源和专业度。另一方面，随着人才市场越来越"内卷"，成为"什么都能干"的杂家似乎更能适应变幻莫测的职场环境。哪条路是更有前途、更适宜规划的"职场好路"呢？我想以"万金油"和"专业化"这两个选择为切入点，和大家聊聊职场道路应该如何走。

在这两个选项之间做出选择是简单的，但要做出坚定的、长期的，且符合自己内心所愿的选择却是艰难的，因为这道选择题背后，包含了市场环境、个人规划、职场机遇等各种错综复杂的因素。所以，我想提供三个职业选择的心法，帮助大家穿越迷茫周期。

第一，职场不是悬浮于真空的，而是相融于复杂环境。

职场工作不是存在于真空环境中的，而是与真实的市场、客户群体以及所处的环境发生反应的。所以到底该选择"专业化"还是"万金油"，要看与你关联的其他部分。一些同行朋友和我说，他们就是什么都需要做。我们不能排除在某些地域市场、某些职业环境里，确实存在这样的情况。**第一步先生存，这是必需的。**

如果这么说，你还是觉得有些抽象，我来举个医生的例子。第一种情况，你是一个村里的医生，找你看病的人大多数是村里的村民，他们日常有个头疼脑热、摔伤擦伤、怀孕生子等情况，你都需要懂，什么疑难杂症都要会治。第二种情况，你是北京某三甲医院科室主任医师，那你就需要在自己专攻的领域发很多核心论文，有大量相关实践，成为这个领域的专家。这两种情况都很常见，也没有更好或更糟糕之分。你的职业选择是嫁接在市场环境之上的，要理性分析你所在的环境、你的客户群体、你面对的市场是更适合走"专业化"道路还是"万金油"道路。

第二，尽早体验，选择一个大方向上喜欢的领域就好。

通常情况下，我们对这个世界的了解由两部分构成。占大比例的部分是通过他人传播获取到的信息，由于这些信息是根据别人的经验生成的，所以被称为二手信息；另一部分则来自自身体验，被称为一手经验。有一句扎心的话："听了很多道理，却仍然过不好这一生。"这从某种角度说明了二手信息和一手经验之间的关系。很多时候，别人的经验、方法都不如亲身体验更直观。如人饮水，如马过河，自己到底喜欢什么、适合什么，只有体验过才知道。

上大学时，我学的专业是诉讼法学，我的导师是中国著名的刑诉法专家易延友老师。在他的教导下，我对诉讼一直保持着极高的兴趣与热情。但为了让自己深度了解诉讼领域，而不只是局限于理论视角，我利用寒暑假，在法院、检察院、政府法制办、律所的非诉讼和诉讼部门都实习了一轮，确认诉讼就是我最感兴趣的领域。所以在毕业找工作时，我只面试了两家"红圈所"的诉讼部，并且都顺利通过。体验是知道什么适合自己的最直接、最有效的方式。

在行动之前，不用给自己设定太多限制，做好现在手头上的事情，尽可能多去参加不同类型的实习，只要模模糊糊选择一个自己喜欢的方向就好。这是我的观念，做点什么，比"思考"得出答案更加有效。

第三，不用过度强调选择，大多数时候人生靠的是调整。

在职场上，很难有人能"一条道走到黑"，更多的人会在不断前行中调整自己的方向。去年8月，我的团队新招聘了一个律师，原本她是做IPO（Initial

Public Offering，首次公开募股）业务的非诉讼律师，但在实践过程中，她发现自己更想做诉讼律师，于是想要自降一级入职我的团队。正巧的是，当时我的团队非常希望有一个能以 IPO 视角对全行业领域进行观察的伙伴，于是双方一拍即合，这个女孩成了我团队的一员。

我们总说选择很重要，但有时候，过度强调选择的重要性，会束缚我们做出选择的勇气。在职业道路上，不用将自己框定得太死。**选择不是一个一步到位的决策，更多时候是在行进中逐渐调整方向的过程。**所以，依照"我之所愿"和"我之所爱"调整方向，路走着走着就会清晰起来。

以我的经验为参考，毕业后，我便进入了金杜律师事务所。由于金杜律师事务所非常强调专业化分工，我所在的团队主要负责公司诉讼案件。后续因为团队业务方向增加，我又额外学习和承接了证券合规和证券诉讼这两个领域的案件。到现在的律所后，我在业务专业化道路之外，挑战团队管理、市场拓展、战略规划等不同议题。在做出这些选择之前，我并没有过度思虑未来到底应该往哪个方向走，我只是做好眼前的事，在该打磨专业技能的时候好好磨炼专业能力，在该拓展管理能力时寻找提升管理技能的方法。到底哪一条才是最有前途的路，我不需要多问，时间自会给我答案。

我知道，很多年轻的朋友总会为自己有没有走上正确的职业道路而焦虑，面对未知带来的不确定而慌张，这是人之常情。但我想说，这世界上有千千万万个人，就走出了千千万万条道路，活出了千千万万种人生。无论什么时候走上属于自己的道路、什么时候遇到许愿时期望看到的风景，都不算晚。

年轻，意味着时间站在了你这一边，成为时间的朋友，心的方向就是时间将带你去的道路的方向。

03

看一步半走一步

　　我在社交媒体上经常收到年轻朋友的私信提问，其中关于工作的问题，被问及最多的就是如何做好职业规划。有一句话叫"方向不对，努力白费"，清晰地说明了规划是必需的。如果缺乏长期规划，只忙于眼下细碎的事，很容易忽略掉自己真正想要追求的职业道路，最终导致盲目行动。而当有了明确的大方向后，剩下的就是将想法转化为实践行动。在这个具体的实践过程中，我的一个方法是不能看一步走一步，而要看一步半走一步。

"看一步半走一步",是一个邻居哥哥告诉我的。小时候,我和他一起下棋,我看不懂棋局,不知道该怎么走的时候,他说:"你先别想那么多,想多了脑子也转不过来。你看一步半,走一步就好。"这句话我一直记到现在,在人生中的很多时刻,都受益良多。

也许你对这句话的含义还是不太清楚,会疑惑:什么叫看一步半?怎么走一步?我们可以将这句话拆开来看:**看一步半指的是向前探索未来的一个阶段内自己要做什么,而一步即眼下的那一步,要踏踏实实做好眼下的事。**

先说向前探索的一步半。

我在读大学时,通过丰富的实习经历和专业法律知识学习,确信自己很喜欢法律行业,所以在毕业前,我就大概率确定律师可能会是我终生追求的事业。这是我在职业规划上设定的宏观方向。我的职业生涯起步相对顺利，毕业前就加入了一家顶尖的律师事务所，成为一名诉讼律师。但即便如此，这个微观的方向并不是一成不变的，而是会根据环境和个人成长不断调整。我在工作五六年后，就面临新的抉择：继续深耕律师行业，努力一把成为律所合伙人，或者进公司做法务。每一轮新的选择都奠定在前一轮的基础上，逐步明确和细化自己的职业发展路径。

在确定一步半该如何迈步时，我有一个方法是多看看身边人，尤其是已经取得了成果的身边人的经验。比如我在前东家工作第五年时，开始思考自己是否要转型做企业法务或是律所合伙人。在还没做出选择之前，我先去找了早期做律师，后来去做合伙人或法务的师哥师姐，和他们聊了许多行业内的变化，询问了他们的自身经历和感受；接着去问了很多行业前辈、大佬，请他们从更高维度帮我做规划；我甚至还问了曾经服务过的客户，在律师市场中，他们怎么定位我。其实每个选择都不错，但为了弥补信息差，不让自己因不了解而错选或放弃，就要尽量多听、多问、多了解，明确每条职业发展路径的信息。这样，自己适合走哪条路的答案也会更加清晰。

向前探索的一步半的过程不是固定不变的，而是应该保持灵活，不给自己设定过多的限制。

再说这句话的后半句——走好眼下的那一步。

这一步重要的是积累，每一天都要为这一年的目标持续努力。在这个过程中，坚持很难，放弃又太容易。我的一个方法就是——熬，通过踏实积累，感受从量变到质变的发展变化过程。

在读大学时，我知道自己未来可能要成为律师，所以必须认真学习专业课，参加辩论赛、模拟法庭等活动来提升自己的专业能力，并通过积累实习经验来确定职业兴趣。在金杜律师事务所工作的 5 年里，我也一直在反复思考如何提升自己，如何多掌握一些知识，如何积累更多的经验。让自己的"羽毛"尽量丰满，才能更自由地飞向任何想去的地方。在一万小时定律之下，只要持续实践并不断反思总结，总会达到从量变到质变的节点。

这就是看一步半走一步，即在确定了宏观大方向后，细化自己前行的具体路径，并且专注当下，踏踏实实地走好每一步。

从 0 到 1，再到 1.5 的过程，需要时间去摸索和沉淀，我也是在一点点规划和行动中，不断找寻和眺望再往前 0.5 的空间。我刚入行时，觉得能在北京立足，有稳定的工作、体面的生活已经很不错了。在一步步往前走的过程中，我从实习律师，到单独主办案子，再到成为合伙人，帮当事人解决一个个行业前沿的问题，到今天依然以推动行业规则发生改变为目标努力，成就感和幸福感也正是在这样的过程中不断累积的。我相信这些凭时间赢来的东西，最终都会成为人生的珍宝，激励着我一步一步朝着理想的模样前进。

04

扩大舒适圈，而不是跳出舒适圈

　　我曾经被问到一个问题："如何跳出舒适圈？"看到这个问题后，我的第一反应是去探究藏在它背后的深层性问题：为什么要离开舒适圈呢？是因为目前的舒适圈并非真正舒适，还是担心未来它可能变得不再舒适，又或者，只是单纯地想拓宽人生边界？

　　向这个问题深度挖掘一寸是很关键的，它促使我们去思考舒适圈对自己的人生意义到底是什么。如果所谓的舒适圈意味着未来可能的不舒适，就像寓言故事《温水煮青蛙》一样，将"死于安乐"，那么我们确实应该带着预见性思维采取行动，在安逸中寻求改变。但如果舒适圈代表的是自己擅长且热爱的事情，那么是否有必要离开就值得商榷。不管如何面对舒适圈，最重要的是不要盲目跟风，不要仅仅因为别人在尝试突破舒适圈就给自己设置无谓的挑战。当身边的人都在讨论要不要走出舒适圈时，我们更应该冷静思考，这是否适合自己。

如果在认真思考之后，确信目前的舒适圈只是一种假象，未来可能面临更大的风险，自己必须做出改变，那么我的建议是不要彻底跳出舒适圈，抛开原来自己擅长的领域，完全从零开始，而是应该尝试逐步扩大目前的舒适圈。

建立舒适圈并不是一件容易的事，舒适圈范围内的事都有一个显著特征，就是这件事做起来是得心应手的。它既不会简单到能浑水摸鱼，也不会难到让人无从下手。如果误把浅尝辄止当作舒适，那就会让自己逐渐失去应对风险的技能与底气。如果一味将时间浪费在不擅长的事情上，忽视自己喜欢的、拿手的事情，那就很可能因得不到正向反馈而越来越迷茫。况且，完全抛弃或者跳出自己擅长的圈层，投入陌生的领域中，失败的可能性会更大。

找准让自己得心应手的事情，围绕自身优势，以舒适圈为圆心，不断尝试，将范围一点点向外延伸。这是扩大舒适圈的有效方式。

以我自己举例，我在证券合规和证券诉讼这个细分领域扎得很深很深，但我这几年也在横向拓展，办理上市公司的诉讼业务，因为这些业务既可以实践我的公司诉讼功底，同时又可以让我的合规调查优势得到发挥。所以我是以自身主业为圆心，沿着我的舒适圈向外扩展，扩大业务领域。这样我既能保持原领域的比较优势，同时又能通过扩大业务领域找到新的情绪刺激点、业绩增长点。

2024 年年初，我在自己的自媒体账号中开始尝试商业访谈，邀请各行各业的企业家或中坚力量聊一聊他们的行业故事。在栏目中，我以主持人、访谈者的身份去了解嘉宾对自己和行业的思考。这件事和我的本职律师工作没有任何关联，却是从我的专业能力中拓展出来的一个全新尝试。律师工作中培养出来的语言表达能力、逻辑思维能力和快速应变能力，让我面对访谈嘉宾时，能游刃有余地找到新的问题不断深挖，增加内容深度。而他们的思考，也让我了解更多行业，吸收更多经验，理解更多商业运行的规律。这就是属于我自己的扩大舒适圈的一个方法：站在已有舒适圈的中心，分析自己的优劣势，再决定要从哪个方向、哪个角度对它进行扩展，放大外延。这比突兀、茫然地跳出舒适圈更为明智，也更有可能从中获得正反馈。

之前，一位网友问我是不是转行了，我半开玩笑半认真地回复："在任何行业做到前三，都不会想着轻易转行。"在细分领域极具竞争力，就意味着你以此技能为基础形成了一个稳定的舒适圈，如果放弃，选择一条新的赛道，沉没成本高且性价比差。但如果以擅长的技能为核心，找到可以迁移优势的新鲜事，不失为一种更合理、更有条不紊地接触外界可能性的选择。

再举个《令人心动的 offer》第一季实习生何运晨的例子。研究生毕业后，小何一直从事律师职业，前段时间从非诉讼律师转向了诉讼律师，他一直都很明确自己要在律师领域扎根、扎深。在此之外，他在综艺圈也混得风生水起，我有时候真以为他会放弃律师职业，转行做艺人。但不久前和他聊天，我发觉他是一个对自己定位和选择极其清晰的人，他了解自己的擅长之处，清楚自己的能力边界，也明确自己的人生目标，所以深耕法律领域是核心，跨界参加综艺是拓宽。真正的舒适圈能让你全情投入，并从中不断积累正反馈，给予你走向更远处的信心。真正的舒适，是让你觉得安全。

筑建起自己的舒适圈并非易事，当它已然形成能够保护自我的墙时，我们更不能着急推翻，或者盲目地建立另一堵墙。踏踏实实地巩固好自己已有的城墙，一点点扩大范围。只有这样，当暴风海浪席卷而来时，我们才能更好地保护自己，让自己不受伤，走得更远。

05

世界是不是一个草台班子，我要自己判断

这几年的求职季，有了一个很明显的风向变化，互联网上兴起了一种讨论：对年轻人来说，应该选择平台更广阔的大公司，还是选择能获得更多锻炼机会的小公司？看到这样的讨论，我的内心是很高兴的，因为这说明人们开始摒弃对大平台的一些不切实际的幻想，重新评估它的真正价值，即所谓的"祛魅"。不管是大平台，还是小公司，或是其他创业团队，所有的工作机会都被平等考量，不再是单一的仰视，而是

会理性看待，根据个人的适合度做出最合适的选择。

我一直认为，不论做出哪一种选择，只要踏实认真、精进自己的专业能力，都有可能创造属于自己的职业高光。而在选择之前，我们需要做的前置工作，是让自己的"信息接收器官"时刻保持警惕，通过各种方式搜集信息，尽量减少信息差，确保我们不会因为不知道而错过一些机会。

于我而言，我能够分享的，更多是大平台方面的信息。我从毕业后就一直在"红圈所"工作，职业经历线路明确，所以我的经验就像小马过河般，只能从自己的视角来分享大平台带给我的影响。

第一，大平台能夯实基本功。

在《令人心动的 offer》第五季的新人培训环节，我因为不允许学员们用回车键空行（必须调段前段后距）而被冠以"回车怪"的外号。这个片段在评论区引发了争论。一些网友认为，这种苛刻的要求会降低工作效率，完全没有必要。而另一些网友认为，统一的格式标准是连学校的毕业论文都会要求的，这是非常基础的。

在"红圈所"，几乎每一家律所都会有自己的格式范本和具体要求，因为这是专业性的体现。从工作角度上讲，这个做法不仅便于文件的格式修改和调整，从而提高工作效率，而且能统一全所的文件范本，提升品牌形象。不光是文本的格式规范，"红圈所"在律师执业的方方面面、律所管理的角角落落，都有各种成文要求和不成文规则。同时，由于客户群体对服务质量的要求比较高，律所内部质控标准也很高，刚入职的员工在提交工作成果前，需要经过内部的严格复核。凡此种种，会使得新人的学徒期延长，他们必须在完成一个阶段的工作任务并达到标准后，才能进入下一阶段，所以，很多新人往往会觉得手头上做的事、干的活过于基础。

这就是很多人担心的事——在大平台工作会沦为

流水线上的螺丝钉。对此，我是持不同看法的。什么是螺丝钉？是你只适配机器中的某一处，只负责某一项特定的任务和职责，久而久之，你能产生的价值就像某个固定螺丝一样被限制了。但实际上，无论在哪种环境下，都有可能面临这样的风险。与其将自己定义为螺丝钉，不如去当一块大海绵，尽情吸纳新的知识与技能。在这方面，大平台拥有明显优势，它拥有成熟的培训体系、优秀的带教前辈、高密度的人才网络，你可以在里面打好初入社会的基底，养成好的职业习惯。而好的职业习惯对于初入职场的新人来说，十分重要，甚至会贯穿未来几十年的职场生涯。

我就是得益于这样的严格训练，让自己的基本功打得非常扎实。不然即使在 6 年内成为合伙人，没有扎实的基本功，也只会让别人认为你是花架子，徒有其表，无法在激烈的市场竞争中站稳脚跟。

第二，大平台有更广阔的视野。

　　毕业找工作时，我向一位前辈请教，在选择最终 offer 时最应该看重的因素是什么。他跟我说——平台，第一份工作一定要看重平台。他没有过多解释为什么平台这么重要，但我现在回想起来，应该有前面所说的培养良好职业习惯的原因，但更重要的是，大平台能提供更广阔的视野。

　　我在毕业后加入"红圈所"工作，作为律师助理参与的第一个公司诉讼案件就极为复杂。为了这个案件，团队还专门组织了专家论证会，那些我之前只能在教科书上见到的商法泰斗，就坐在我面前争论，感觉就像是在上一堂大师课，酣畅淋漓。真的，没进入"红圈所"之前，我很难想象一个法律案件能有多复杂、多前沿。而和一些资历高深、学识渊博的专家一起攻克行业难题，这些经历极大地拓宽了我的视野。"红圈所"的平台不仅提供了处理各种复杂案件的机会，也能让人学会如何应对各个方面的挑战，这对于职业成长来说是非常宝贵的。

现在回看我的职业经历，后期我自己也办理过多个颇具业界里程碑意义的案件。如果没有之前项目磨炼出来的硬实力和实实在在做了 N 多重大复杂案件积累下来的软实力，我是无法稳稳拿下这些"第一案"的。

第三，大平台能够引领行业发展。

当然，先说一下，没有说小平台不能引领行业发展的意思。像游戏《黑神话：悟空》，就是由一家新公司出品的。在我看来，这款游戏就实实在在地引领了游戏行业的发展。只不过，更多时候行业推动力确实集中在大平台上。

这是有原因的。首先，资源集中。"红圈所"有很多大客户，能接到大案子，就像我前面说的，很多具有里程碑意义的案件相关人会寻求"红圈所"或者精品所的协助，而这些案件的处理结果，在业内会产生很大的影响力，能够在一定程度上树立行业标杆。

其次，专业分工与合作文化。我举一个很简单的例子，你去北京协和医院看病，会发现各个科室分工明确，每个科室主任、副主任都是细分领域的顶尖专家。相比之下，如果是乡镇卫生所，全科大夫需要什么都得懂一些。我并不是说基层的医护工作者不会发现新的病症和治疗方案，但更多的学科前沿成果往往是由这些全国排名前列的大医院的顶尖专家，在平台资源（无论是硬件资源还是罕见案例）的支持下，结合自身积淀研究突破的。

法律服务和医疗服务一样，也有领域划分。在"红圈所"，律师们无一例外都倾向于打专业标签，而不是成为"万金油"式的律师。在细分领域深耕，更有可能成为该领域的专家。而平台的合作机制，确保了即使你只精通某个细分领域，也不必担心客户资源不足而"吃不上饭"，或者无法解决客户的某个综合问题。因为在尊重专业分工的基础上，同事们会将不属于自己专业领域的案件转给你，同时，团队合作机制类似于"专家会诊"，能够为客户提供综合解决方案。这种专业分工的环境可以培养出各个细分领域的顶尖专家，他们有能力承接那些可能引领行业发展的案件，并将它们打造成真正能够引领行业发展的标杆性案件。

当然，适不适合、需不需要大平台，是因人而异的。我对于给自己打牢基本功、提升专业度有相当大的渴求，同时我也非常喜欢站在时代浪尖、行业前沿的感觉，用一个早期的网络用语来形容，就是"弄潮儿"。所以我很清楚，我必须进入大平台，才能拥有我想要的状态。

这两年流行一句话，叫"世界是一个巨大的草台班子"。说实话，我不太喜欢这句话。你觉得世界是个草台班子，你就会看不上其中的所有人。其实，每个行业、每个圈层、每个社交圈，都有能让你增长见识的人。我知道这句话诞生的背后是大家想要对某些大平台"祛魅"，但我们可以更加客观地去看待和评价每个平台的好与不好，认清自己与平台的关系和相对位置，通过建立底层自信去和平台平等对话，而不应该以偏概全、一叶障目，用这种方式麻痹自己。

当然，大平台一定是有大平台的问题的，无论是前期非常辛苦，还是容易被"温水煮青蛙"失去独立能力，都是身处大平台上的人需要面对和解决的问题。其实不论是选择大平台，还是小公司，最终我们还是要回归自己，评估能力水平，明确期望的生活方式，判断哪种环境更适合自己的需求。每一种选择都会很好，只要清楚自己真正想要追求的是什么。但在做出选择之前，重要的是充分了解各个选项的可能性和差异，减少信息不对称，不要让自己因为无知而错过机会。

第
3
章

一切都在
转念之间

01

凡事发生，皆有利于我

我在长江商学院学习时，曾和同班同学一起做过一张人生折线图。其他同学的人生折线图起伏都很大，甚至有同学高中毕业没考上大学，找不到工作，但现在已经是企业家了。反观我的折线图，则是一路向上，每到一个人生节点发生一次跳跃，然后持续一段时间的平稳提升，再到下一个节点。

考上重点高中，进入清华大学，顺利保研，毕业后进入金杜律师事务所，工作几年后又成功加入竞天公诚律师事务所成为合伙人。每一个关键时刻，我都没有走错路、走弯路，这让我的人生折线图看起来一直处于上升状态。

但是，在真实的世界里，哪有永恒上升和一帆风顺的人生，只不过我眼前的波折因为上进心、自驱力等各种因素被克服掉了。我并非没有遇到过困难，只是在面对困难时，我永远告诉自己"凡事发生，皆有利于我"。

我一直是一个很理性的人，遇到困难也会先从理性角度来分析。我们先把困难剖开来看，通常遇到的困难可以分为两类：第一类是我们设定了明确的目标并决心实现它时，执行过程中会遇到的各种挑战；第二类则是结果未达到预期时，我们必须面对的失败。

面对第一类困难——有清晰目标，但执行过程中挑战重重，熬就是最有效的方法。

有一次，我接了腾讯新闻的"命题作文"，让我谈谈转行法律的困难与突破。我没有转行的经历，于是去采访了我们所的合伙人谢鹏律师。在律师行业，特别是"红圈所"，专业对口是一件很重要的事情，但谢鹏律师是一个典型的转专业、跨行业案例。他的本科就读于厦门大学化学系，毕业后觉得自己还是要为热爱的法律专业拼一次，于是辞职通过了律考（当年律考还是允许没有法学教育背景的人参加考试的）。经过几年实践磨炼，他也来到了"竞天公诚"，并最终成长为合伙人。

这一路顺利吗？似乎是顺利的，转变方向、付出努力、实现目标，他都做到了。这一路困难吗？从零开始，从头再来一定是困难的。谢鹏律师聊起他的一路经历。律考时，因为不懂法理，只能靠死记硬背来解题，等到把法理知识背得滚瓜烂熟后，解题思路就越来越清晰。进入律所工作后，他也度过了两年难挨的学徒期，试图在每个案件中获得经验，努力模仿前辈的思维逻辑，一点点积累，慢慢开窍。

他从未在遇到困难时埋怨自己，也从未抱怨过为何困难总是解决不了，而是把每一次的历练看作一种积累，在解决问题的路途中逐渐获得经验和能量，等待从量变到质变的发展。如今的他，已被《亚洲法律杂志》评选为"年度争议解决律师之星"。

如果遇到的是第二类困难——失败，比起伤心、失落，更重要的是吸取经验，总结复盘。

前段时间，我去录了一个推理类的真人秀节目，剧本里有一个做什么事都会失败的裁缝，我姑且称她为"倒霉蛋"。倒霉蛋有多倒霉？无论做什么事、许什么愿望，事情都会往相反的方向发展。出门没带伞，就一定会下雨；她预判今年冬天会很冷，于是赶制了一大批棉衣，结果一件都没有卖出去；她遇到了一个流浪歌手，歌手说自己马上要登上大舞台演出，想邀请倒霉蛋裁缝为自己定制演出服，结果衣服做出来时，流浪歌手却消失了，裁缝跑去询问情况，得知"从没听说过有个歌手要上舞台演出"，这时她才知道自己被骗了。倒霉蛋裁缝觉得自己太惨了，为什么所有的不幸都只发生在自己身上？最后她陷入情绪的死胡同，跳河自尽了。

虽然这是个虚构的剧本杀，但故事中仍有很多值得咀嚼的地方。倒霉蛋似乎一直在经历失败，但这些失败背后的原因其实都是有迹可循的。比如，如果她能从赶制棉衣的失败中吸取教训，下次做事之前提前调研市场需求量，或者再找找营销的方法，或许就能成功将棉衣销售出去。再比如，她被流浪歌手欺骗的经历，是否可以让她学会改进流程，要求对方先支付定金，再投入精力制作服装，以此降低自己的风险？那些失败的经历，实际上都暗藏着成功的"线头"，从中积累经验，就有可能将这些经历转化为向好发展的契机。

很多时候，我们如何解读失败，决定了我们如

何面对失败。有些人遇到失败时会一蹶不振，只是沉浸在悲伤和内耗中，但这样的态度不会带来任何成长，只会徒增痛苦。最容易被忽略的往往就是失败背后的经验，失败是具有启发性的，那些能静下心来反思的人，可以从失败中学到与成功同样宝贵的经验。所以，失败之后的下一步行动才是最关键的，而下一步行动的先决条件是心态。从失败中爬起来一定是一个复杂且艰难的过程，需要用十足的耐心对待，但面对困难的心态是可以快速转变的，用放松与积极的心态冲淡对困难的畏惧，这是解决问题的第一步。

强者永远有面对困难解决问题的能力，并且不会将自己放在承受者的位置上，而是养成主动出击的习惯。当困难降临时，告诉自己："我缺乏某种历练，所以有了这样的安排，我可以从中获得经验。"小时候读的那些"劳其筋骨，饿其体肤""吃一堑，长一智"，真的是古来圣贤总结的人生哲理，而不仅仅是我们为了应付考试获得分数背诵的知识。只有真的理解这一点，才能在解决一个个问题的过程中得到锻炼，自己也才能变得越来越强大。

02

心怀热爱，永远是当打之年

　　我特别佩服的一类人，就是敢在公开场合表达对工作的热爱的人。这几年，很多职场人深感压力，高歌"不想再吃工作的苦"已经成为一种常态，"我热爱我的工作"一般只会出现在微信表情包里，内容是一只一边疯狂哭泣，一边疯狂打电脑的猫。

　　有一次，在 B 站的毕业季对谈活动中，我和钱婧老师就说到了这个问题，"年轻人讨厌工作"似乎成了一种普遍现象，许多即将毕业的同学一想到要离开校园步入职场就感到焦虑。这让我回想起自己大学毕业时，却是非常欢快地去工作的。当时我的想法有三点。第一，我终于可以赚钱了。我并不认为啃老是理所当然的，更排斥不劳而获，所以自己能赚钱意味着我可以自由决定如何花钱，经济基础决定上层建筑，我终于可以去追求自己向往的生活了。第二，我读了 18 年的书，学习了 6 年法律，现在终于可以将所学的知识运用到实际工作中，这对我来说意味着个人价值可以充分实现了。第三，在我攻读硕士时，那些本科毕业后就步入职场的同学告诉我，进入职场后，他们每天都能感受到自己的成长，虽然攻读硕士也是在充实自己，但我更渴望能够迅速行动起来，让自己跑着成长，提升更多元的能力，培养竞争力。

所以在我的经历中，并没有出现过"讨厌工作"的情绪，相反，我找到了自己热爱的事业，并从中获得了极大的成就感。当然我非常理解年轻朋友对职场的某些负面看法，但抱怨和吐槽只能作为短暂的情绪宣泄方式，并不能真正解决问题。很多时候，在同一件事情上，我们用积极或消极的态度对待，可能会影响处理事情的方式，甚至可能改变这件事情在我们生命中的意义。一些事情发生改变就在我们的转念之间，重要的是我们如何转变自己的思维和心态，重新找到自己热爱的事情。

我想分享我的三点思考，先从转变心态开始，让自己逐渐找到热爱所在，而不是一味地沉溺于消极情绪之中。

第一点，热爱是在不断的尝试和探寻中，点燃自己的生命。

高考后，许多人在社交媒体上私信我："选择什么行业的工作能够赚钱多却干活少？"我们总是对风口行业抱有一丝不切实际的幻想，觉得只要选对了行业，就可以高枕无忧，轻轻松松地获得成功。但现实是，不论是目前哪个领域的蓝海，等到你学成之后再进入之时可能都已经厮杀成一片红海了，每个行业都竞争激烈，充满了艰辛与挑战。

有一样东西是冲淡这份工作之苦的最佳稀释剂，那就是热爱。热爱很神奇，它能让看似辛苦的工作充满乐趣。在别人眼中，你可能工作得很辛苦，但只有你自己知道，你是乐在其中的。有一次我和艺人刘宇录一档"旅综"，他说，相比旅游，工作更能让他舒压，因为他的工作是唱跳，又能跳舞又能唱歌让他特别开心，有的时候放一周的假就焦虑得不行。

每当说到这个时，我就会被追问——那么我们要如何找到自己的热爱呢？于是我便会反问——你去找自己的热爱了吗？你需要亲身体验、亲自经历才能知晓什么是能让你肾上腺素上升并且持续上瘾的事。还有人说，我找了，但我好像对什么都提不起兴趣。那么原因可能是你还没有找到你的热爱，请继续找下去，或者至少排除那些你不喜欢的工作，选择你不讨厌的工作。还有可能是你真的对任何事情都没有兴趣，那么就找一个你能接受的工作，用责任感去坚持完成它。

很多人会误以为追求热爱是一件极其感性的事情，其实寻找热爱的过程也需要通过理性分析，才能维持长期的满足。

首先，热爱能否经得住生活的考量？你必须清楚的是，当基本的生活质量都难以保证时，赚钱一定是排在第一位的。经济基础决定上层建筑，只有先用物质稳固基础生活，才能更安心地追求热爱。不谈物质的热爱，是一盘散沙。

其次，将一件爱做的事情转化成要做的工作，需要有长期性。这不是偶尔一次的怦然心动，而是持续的满足与享受，否则就会出现"三分钟热度"的情况。

当所追求的事情在物质上成为你的坚强后盾，并且能够抵挡住时间的侵袭时，你会发现，做自己真正热爱的事情是多么难得。

第二点，热爱可能会被消磨，能够坚持下来还要

靠责任感。

　　热爱不是万能的，它会被时间、精力、世俗等各种各样的问题消耗，甚至让人放弃。从进入法律行业至今已经 10 多年，我仍然热爱我的工作，但如果在工作非常辛苦的时候，你问我想不想休息，要不要停下，我的答案一定是想的、要的。不过，我并不会真的选择休息，而是心甘情愿地留下来完成工作，保证手头上的任务能高质量交付。

　　都说热爱是一切的驱动力，实际上真正驱动一个人保持前进、充满动力地投入靠的是多种因素，责任心就是其中一个重要因素。

　　责任心最基本的要求就是完成的工作能达到设定的标准，无论是上级的安排还是客户的委托，都按时按质按量完成。律师往往是在当事人寻求帮助时才会寻找的专业人士，如果我们都没有责任心，那谁来保护他们的利益？更进一步的责任心，除了简单地完成他人交代的任务，还是一种面向自我的叩问——作为一个专业的职场人，我能不能把不喜欢的事情也干得漂亮？

或许还会有人疑惑："我对任何事情都提不起兴趣，该怎么办？"我想这种情况才是更为普遍的，大家可以尝试用排除法解决这个困惑。先排除自己明确不感兴趣的工作领域，然后进一步分析筛选后的选项中每个职业的核心特质，例如销售需要的是沟通能力，研发人员需要有一定的研究实验能力，以这些特质为判断依据，找到自己的擅长之处，并在实践过程中将知识融会贯通、解决实际问题，逐渐从中寻找到一些甜头，这往往能支撑你往前奔跑，往下深耕。

干一行爱一行和爱一行干一行，是两种皆可的选择。

第三点，热爱有的时候和擅长是相辅相成的。

高中的时候，地理老师对班上很多不喜欢地理的同学说了一句话，我记了很久。她说："你们现在觉得自己喜欢一门课，往往是因为这门课你们考得好。"我反思之后觉得，可能是有些课我们学起来感兴趣，就容易开窍，所以知识点掌握得扎实，然后考得就好，考得好所带来的成就感又反向地激发了我们的学习动力。其实在工作中也一样，擅长的工作会让我们更容易获得成绩，积累成就感，而这种成就感会加深热爱的程度。而热爱又会进一步激发我们的学习动力，形成一个正向循环。就像游戏通关后获得爽感一样，一次次的通关会成为驱动人走向下一个关卡的最大动力，最终让人在这项工作、这个职位上的优势积累越来越明显。

也许你又会问：我怎么找到自己擅长的？还是我常说的那套方法论，了解自己，了解外界，再做匹配。我知道自己的优势是什么，然后我要通过实践了解不同的岗位必备的能力是什么，例如销售需要的是沟通能力和客户洞察能力，研发人员需要有一定的研究实验能力，律师需要法律专业知识和客户服务意识等。

如果你具备其中大部分的能力，或者暂时不具备某些能力但有培养的潜质，你就可以做出选择。

美国"内容营销之父"乔·普利兹在《兴趣变现》一书中说："将自己最擅长的领域和最热爱的兴趣进行奇妙组合，这种化学反应被称作'甜蜜点'。世界上最好的工作，就是做自己最喜欢的事情。"而找到自己最擅长、最热爱的事情的路径，最终都将回归"我"，只有自己的感知与体验，才是构成热爱的全部想象力和向心力。

奔赴在自己的热爱里是一件十分幸福的事情，当然我们很难全凭热爱做事，但以这种积极的态度对待工作、对待生活，却能帮助我们抵御负面的情绪和外界的纷扰。为自己找到热爱，找到生命的燃点，最终的目标并不是追求多么显赫的成就，而是在成为真正的自己时，笃定地对自己喊出："我的人生，我好喜欢！"

03

永远不要为努力感到羞耻

我曾经在一个视频里提到"努力羞耻症"这一现象，我在视频里鼓励那些因为努力却被排斥、被孤立的人，不要因为害怕被别人说"卷"而放弃自己的追求。然而，在评论区的讨论中，我发现了一个普遍的担忧，很多人说，他们并不是有努力羞耻症，而是害怕自己即便努力了，却还不如那些看似不费吹灰之力就能取得成功的人，这样显得自己像个愚笨的人。

这种担忧，简单来说就是担心白努力了，还会显得自己很无能。落差会带给人强烈且巨大的挫败感，倒不如从一开始就掩盖自己的努力。就像《山月记》中说的，"生怕自己并非美玉，故而不敢加以刻苦琢磨"。但是，这之中存在两点误区：第一，努力并不是总能直接转化为成绩、金钱、权力等回报；第二，把自己的努力和别人进行比较是无用且无意义的。如果努力没有得到预期的成果，或者需要比别人付出更多，这并不意味着努力本身有错，而是说明我们需要重新评估目标和方法。

　　在《令人心动的 offer》第五季里，观察室的嘉宾也讨论了"努力羞耻"的现象，其中一名嘉宾说自己曾遇到过这样的问题，去图书馆的路上被同学们打趣："你又去图书馆学习啦？"他的第一反应是想要掩盖自己努力的事实，连背单词都要偷偷地进行，以免被人发现。后来转念一想，这是在为自己努力，有什么好遮遮掩掩的呢？于是大方做自己想做的事。我非常赞赏他的态度，这是对自己负责的表现。尽管如今再说"努力很重要""努力能够改变人生"可能有些陈词滥调了，甚至在某些情况下，努力的回报并不如预期，但即使这样，我秉持的价值观依然是如果不努力，连可能性都没有。

我一直认为，努力并不是笨拙的，努力也不是聪明的反义词。如果说运气和勇气决定了一个人的上限，努力则是一个人实力的底线。这意味着，就算没有天生的好命，你依然有可能通过努力活出自己想要的人生。前段时间，我在"知乎"上看到一个问答，问题是："如果父母没有钱给你报高端课外辅导机构，你应该怎么办？"这个问题很有意思，我们总希望在自己身上增加有利条件，仿佛这是成功的最关键因素，往往忘记只有自己投入其中、努力朝前奔去，才是最直接、最有效的方法。问题下面有这样一个回答非常直截了当："上课认真听讲是获得好成绩的最直接方式。"我们总是认为成功的背后有许多"外挂"因素加持，这当然不能否认，努力获得回报的过程是复杂的。但第一步，始终是自己先努力。在此之上，天赋、勇气、运气的加持才有意义。努力是把目光放在自己身上，只有专注脚下的每一步，才能跑得长远。努力需要积累，而时间自会证明一切。

在之前的采访中，我提到被选来做《令人心动的offer》第五季的带教律师的原因，其中一点，就是希望为大家提供一种可能性——没有家庭、背景、形象等有利条件的加持，一个普通女孩依然可以凭借努力找到属于自己的天空。我从不觉得努力是一件令人感到羞耻的事情，因为我在努力的过程中收获了更完满、更充盈的自我。

不过有一种情况需要注意，那就是"假性努力"。有时我们自认为已经非常努力，但实际上可能只是自我感动，真正要达到效果还远远不够。而出现假性努力的原因有很多，比如专注力不足、方法没用对，或是没抓住"主线"。面对这种情况，我们需要的是找出问题根源，对症下药。

不得不承认的是，现代社会不断增长的竞争压力、强调结果的紧张氛围，都一步步导致了努力异化为"内卷"。努力和"内卷"就像一块磁铁的正负极，两端相异，却共享磁力中心。不同的是，"内卷"形成于向外比较的氛围，而努力是向内沉淀的成长方式。两者的相同点是，它们都为了实现目标锐意进取、主动出击。从这个层面来说，不管是努力还是"内卷"，都应予以认可，这是你为自己负责的最佳方案，是一种内生于心的品质。

再回到开头提到的那些"害怕努力付出，还显得自己无能"的评论，如果我们正大光明地努力，却依然没得到好成绩，这就能证明我们是无能的人吗？不，绝对不是。一个人付出自己全部的努力，不应该只是为了获得别人的认可，也不应该只是为了证明自己有多优秀，而是今天的我比昨天的我懂得更多，今天的我比昨天的我离自己设定的目标更近了一步。与自己的过去相比，这种纵向的成长才是真正有价值的，横向和他人比较只会徒增情绪消耗。

所以，不要过度陷入和他人的竞争，我们应该专注于自己的昨天、今天和明天。在这一路上，在与困境狭路相逢、挥手告别时，坦然地说出那一句：我尽了自己的全力，我没有任何遗憾。

只有大大方方地努力，才能获得坦坦荡荡的成功。

04

大方谈钱才是人间清醒

在《令人心动的 offer》第五季的节目里，我们曾做过一个测试，让所有实习生在纸上写下自己的期望薪资。最终八名实习生写出来的金额从六千元到六万元不等，差距非常大。后来，这个环节播出后在网上引起了广泛讨论，很多人发出了疑问："刚毕业的大学生，有资格自己要价吗？"

关于这个问题，我可以斩钉截铁地回答："当然有！找工作是一定要谈钱的。"**初入职场的年轻人在还**

没有建构起足够支撑生活的安全感时，养活自己是基础。一份好的工作，一定可以提供给你一份体面的收入和体面的生活。体面的收入是体面生活的前提和基础，让你的生活质量至少在物质层面有保证，不用担心房租、饮食、交通等基础的生活条件。只有先达到了生活的基准线，才能在工作和心态上有平和、稳定、向上的状态，才能去追求更高一层的精神富足。空谈理想是不现实的，特别是刚毕业的朋友，千万不必羞于谈钱，它能让你在初入社会之时免于狼狈，可以更好地照顾自己。

不过对如今的年轻人而言，理解"金钱是重要的"这个道理并非难事，但在求职、提出涨薪需求的过程中，仍然会面临"不知道应该如何谈钱"的尴尬处境，这或许和我们对金钱的认知有关，也和我们对自己的定位有关。其实金钱不只是一个人生存在世的物质保障，它更关乎自身价值和个人能量，能让人直观地感受到自己与真实世界的联系，也能让人在其中照见自己真正想要前行的方向。

所以，我想要聊一聊金钱和自我的关系，以下是我的一些思考。

第一，金钱是体现个人努力和成就的最直接方式。

我毕业的时候，薪资有的律所能开到月薪 8000元，有的律所只能开到月薪 5000 元，那我自然会想，是不是我在月薪 5000 元的律所，只能发挥 5000 元的价值，而月薪 8000 元的律所，我能发挥 8000 元的价值？

其实工作的本质很简单，只有四个字：价值交换。我们用自己的专业能力、时间、精力与市场交换金钱。从这个角度考虑，金钱是衡量个人努力和成就的最直接方式。如果一个人想要在工作上获得更高的报酬，就意味着他需要投入更多时间和精力，不断提升自己的专业能力和思维模式。

成年人的世界是直接的、透明的，真正认可你的能力的人会给你相应的报酬。所以，不必羞于谈钱，钱或许不是我们做事的最终目标，但一定是衡量事情结果和价值的重要元素。人的行为往往是由内在思维和理解驱动的，特别是在工作中，只有合作双方对彼此的付出有等价的认知，才能在协作过程中拥有相应的尊重与信任。

不必将谈论金钱视为俗气或是羞于启齿的事情，凭借自己的能力赚钱，努力实现经济自由，让自己的专业能力和价值被他人看见、认可，这本身就是一件值得骄傲的事。

第二，金钱是目标感的具体化身。

我们常说要搞钱，听起来说的是对金钱的欲望，但背后还有另一层含义，那就是行动。在职场里，金钱驱动能最迅速地唤起一个人的主动性。我成为合伙人后，业绩就是摆在眼前最直观的考核目标。很长一段时间里，我每天都在想尽各种办法找案源、维系客户、培养团队，忙得昏天黑地，最终我第一年获得的收入比以前几年的总和还要多。而如果业绩下降，它也会促使我去思考：到底是哪里出了问题？是单纯受客观因素影响，还是有其他原因存在？我是否应该调整目前的策略？钱是一个结果，代表着你做了某件事之后的反馈指标，指导我们采取相应的行动。钱，是目标感的具体化身。

在生活上，我既是一个爱钱的人，也是一个爱花钱的人，我从不否认自己在物质方面的欲望，我想要拥有时尚的衣服，想要在自己的房子里摆满喜欢的物件，想要在辛苦攻克案件后奖赏自己一份礼物。每次成功拿下一个案件，我就给自己买一支口红作为奖励。一支口红的价格不高，但这对我来说是一个仪式。我并不会让物欲控制我，而是将这些物质上的小目标转化成工作的动力。我清楚地知道，我想要的不是简简单单的物质，而是背后的成就感，以及让自己更加清楚我能发挥出多大的价值。

不过，我想提醒的一点是：**要在乎钱，但不能只在乎钱。钱是通往心中理想生活的工具，而不是终点**。一个只在乎钱的人是冰冷的，在这个世界上，情感、道义、良心等，还有很多比金钱更重要的东西。

获得金钱的最终目的是让它为我所用，让自己开心也好，提升个人能力也罢，最重要的是让自己在危难时刻永远有退路。一个传统的社会，钱能解决很多问题，这句话放到现在这个环境，同样是正解。我们很难预料未来到底会发生何种变故，而金钱正是留给明天的最后一道防线。

谈钱从不是一件羞耻的事，而是成年人大胆的体面。这意味着你要独自撑起生活，努力争取理想的生活方式。一个人如何看待金钱，决定了你可以获得多少金钱，但绝对不止于此，因为金钱并不是人生追求的终点，自由才是。一个真正自由的人，自由的表现往往始于争取自己的利益。

05

换位思考，核心是把事做成

　　有一则寓言故事：一个人邀请盲人朋友吃饭，到了晚上，盲人朋友要回去了，主人递给了他一盏灯笼。盲人很生气，说："我本来就看不见，你给我灯笼，是想嘲笑我吗？"主人解释道："你看不见，但别人看得见，这样走在黑夜里，别人就不会撞到你了。"小时候读到这则故事，我并没有太多深刻的印象。但我开始工作后，却时常想起这个为盲人朋友送灯笼的人。

　　在这个世界上，大多数的事情都没有绝对的对错，如果我们每个人都只站在自己的视角，往往会觉得很多事荒诞不经。就像盲人想的："我都看不到，你给我灯笼有什么用呢？"但如果站在解决问题的角度，就会发现一个看似难以理解的行为背后自有深意。为盲人送灯笼的人，自始至终的目的都是让盲人平安到家。虽然盲人看不见灯笼，但旁人可以借着灯笼的光看到他，自然就能在一定程度上确保他的安全。**我们明确了事情的最终目的，就会发现所有的行为都可以用是否行得通来判断，将情绪、个人意见放在首位，最终只会耽误事情的解决。换位思考，实质上是换位做事，归根结底，是为了找到最合适的方案去解决问题。**

举一个我自己的例子，事情发生在几年前。一天早晨，一位客户突然在群里大发雷霆，质问我们为什么法院审判下来了这么久，还不去执行。我解释说我们的服务合同约定的服务范围明确排除了执行程序，但对方还是不理解，甚至把个人情绪传递给我。当时，这样的指责让我十分不解。

　　但我平复了情绪之后，思绪仍然需要回归到问题的解决上。首先，我需要知道问题发生的原因。我经过侧面打听，了解到是客户公司的员工搁置了执行，可能面临内部追责。所以，我需要建立与客户领导的直接对话，不能让他误以为我们该为这件事负责。其次，我需要缓解自己的情绪，不能让自己一直陷入愤怒的状态。站在上帝视角，我也会同情这个犯了错的员工，她处在一个容错率较低，并且非常敏感的环境中，所以才会这样做。当我充分理解她，表达某些事虽然不在我的服务范围内，但我仍愿意帮助她之后，她立刻转变了态度，积极开展行动。最后，我需要用专业能力协助客户推进项目的进度，明确告知他们下一步应该怎么做，这件事并没有他们想的那么难。

　　经过上述处理，果然，事情说开后，每个人都跳脱出了自己的立场，成为"解决问题"队伍中的同行者。后来这位客户还与我们继续保持了长期的合作关系。

　　这个世界上的道理往往是朴素的，但只有亲身体验，才能明白其中的深刻。就像我们需要带着成事的目的去换位思考，这既是处事的方法，也是为人的道理。"心有他人天地宽，换位思考心渐亮。"换位做事之外，还要换位做人。否则，即使事情得到解决，也可能因情绪伤害他人。

　　和年轻同事交流工作时，我有时候会听到他们抱怨客户的要求"太奇葩"，觉得对方的需求听起来就很难满足。这时候，我会反问他们："如果你是客户，和律师提出了这些需求，想要达到的目的是什么？我们有没有可能跳过这些中间的环节，直接满足诉求？"我希望他们在职场初期就能学着站在推进事情进展的角度考虑一切。

　　说实话，这确实是件难事，我也仍在不断地练习。不过我摸索出了一些起步方法：第一，养成一些"对他人耐心一点"的职业习惯，比如多倾听、多提问，说话时多考虑对方的感受；第二，尝试在系统中理解他人，而不是看单点的行为。比如思考裁判者、监管者、客户的立场是怎样的，他们处在什么样的位置和环境中，为什么会做出这样的行为……深入了解对方的动机之后，你会更容易理解他们的处境，也会更清晰地了解事情的利害点，顺着这些利害点解决问题也会更容易些。

换位思考，是一个见天地、见众生的过程，需要用包容的心接纳复杂。把事情推进，让情绪落地，无外乎就是——把别人当成自己，把自己当成别人。站在他人的立场上思考自己的行动，把情绪抛脑后，把做事放眼前。只有这样，我们才能从情绪困境中解脱，拥抱更大的世界。让心越长越大，把路越走越宽。

06

即使加班，也要面朝大海，春暖花开

在工作的第 10 个年头，我对工作，以及生活和工作的关系有了新的理解。

我经常被问："怎么样才能平衡工作和生活之间的关系？"听到这个问题时，我的第一反应往往是语塞，不知该如何作答。作为一个典型的工作狂，我经常得牺牲睡眠时间来完成工作。就这点来说，我可能不是回答这个问题的最佳人选。但是，我有一套自己对待工作与休息的思维逻辑，它让我即使在高压状态下，也能通过有限的休息时间，有效缓解疲劳。或许，我的这些经验和方法能为大家带来一些启发。

从时间的角度来看，平衡工作和生活本身就是很难做到的。毕竟，每个人的一天，都是相同的 24 小时，关键在于我们如何安排。如果工作占据了大部分时间，那么休息时间自然会减少。今年我开始尝试跨界工作，许多人好奇地问我："作为律师合伙人，你平常的工作都那么忙了，怎么还能抽出时间来做别的事情呢？"我的回答是：这一切都与取舍有关。我将原本用来娱乐的时间，换成了与粉丝直播互动、拍摄视频内容。这样，我才能在有限的 24 小时内完成工作项目和进行跨界活动。时间是世上最公平的一杆秤，它不会因地位、财富或关系而偏向任何人，所有人的一天都是 24 小时，重要的是，你如何取舍。

不过，现实生活中，很多人的时间被工作侵占并非出于自愿，领导的指示、客户的需求、同行的压力等，这些因素常常迫使人们牺牲休息时间。生活似乎简化成了两个极端——工作和睡眠，仿佛人变成了一台不断运转的机器。前面说，重要的是对时间进行取舍，可现实里，在这种高压环境下，当选择的余地变得极其有限时，我们又该如何应对呢？

　　律师的职业属性可能会使频繁出差和周末加班成为常态。但在我还不是合伙人的时候，我就让自己养成了一个习惯：每当感到筋疲力尽时，即使周末加班，我也会选择去一个不同的城市。我常在心里默念："要加班，也要在一个春暖花开、面朝大海的地方！"而且，周末加班通常不会像工作日那样漫长。晚上，我会去品尝美食、漫步夜市。第二天，我会抽时间去参观一两个人文景点，或是走进博物馆。当时间的选择变得有限时，我会尽力在可选的范围内让生活变得丰富多彩。在我能控制的范围内，我尽情享受生活的每一刻，让它带给我无限的快乐和满足。

除此之外，为自己找到一个可以调节紧张工作节奏的爱好也很重要。爱好的价值不在于追求等级认证或向他人展示，而是作为一种内在的平衡机制，帮助我们缓解职业压力和负面情绪。在不断向前冲刺的征途中，我们都需要在生活中找到一些慰藉，而爱好正可以提供这样的避风港，让我们在忙碌之余得到片刻的宁静和满足。

电影《赤壁》中，有一句话让我高度认同："什么都略懂一点，生活更多彩一些。"我拥有许多爱好，弹琴、唱歌、跳舞、摄影、打球，尤其是旅游。我喜欢在春天的江南赏花，在夏天的海岛晒太阳，在秋天的土耳其乘坐热气球，在冬天的冰天雪地里乘坐摩天轮。这些爱好让我能够跳出工作，即使在疲惫时，也能通过它们暂时抽离思绪，让紧绷的神经稍微放松一下。

我坚信工作和休息同等重要，这就像"一斤棉花和一斤铁同样重"的道理。虽然它们体积不同，但重量却是相同的。工作和休息在时间上的分配可能并不均等，但它们在生活的重要性上是平衡的。长时间的工作和不眠之夜，以及频繁的出差，都会让人感到倦怠，甚至在压力之下崩溃。**一个人是不可能永远战斗的，休息是为了让我们能够更好地重新出发。**

我们常听说，人生不能既要又要，但我认为也有需要两者皆求的——那就是既要努力工作，也要享受生活。享受生活并不一定需要我们提高消费水平，但要学会发现并体验生活中的美好时刻。无论是阅读一本好书、观看一部电影、创作一幅画作，还是尝试插花艺术，都能让我们的生活更加丰富多彩。心怀诗意浪漫，往哪儿走，都是往前走。

07

职场中的强者思维，是戒掉学生气

"学生气还是重了一些。"这句我在《令人心动的offer》第五季某个课题复盘中说出来的话，没想到还会被网友们专门拿出来解读。我想可能是因为这个问题有一些普遍性，很多初入职场的朋友都听到过领导或者资历较深的同事这么说自己。确实，在职场中，"学生气"稍带一丝贬义，但也是一句轻柔的提醒：希望你赶快成熟，成为能独当一面的专业人士。

学生气到底是什么呢？在我看来，它指的是我们作为学生时那种直接、被动、习惯有人引导前进、以考试为标准追求唯一正确答案的习惯。而相对成熟的职场思维与它相比，有三个不同维度的特点：

第一，完全的自我学习能力。学生时代，我们习惯有人指导，把学到的知识直接拿来解题。而在职场，我们要自行去获取知识，可能领导会指出方向，但不会手把手教我们该怎么做。所以我们需要学会自己检索信息、自己理清思路、自己撰写文件。这是一个重要的转变。

第二，自我管理能力。在学校里，学生的主要任务和时间安排基本是明确的，老师会给你布置一定时间段要完成的作业，会划定考试的复习内容。但工作中，领导下达任务和最后期限后，如何管理中间的时间和进度需要自己来把控。这一点，在同时处理多个任务时显得尤为重要。自我管理就是要对自己承担的项目和任务负起责任。

第三，职场没有唯一解。考试通常有一套明确的答案标准，而职场则不同，根据不同情况、不同任务、不同标准,"解题"思路不是唯一的,更需要"见招拆招"。比如领导让你研究某个问题,你可能需要和上级沟通,了解任务背景和预期成果的用途,或者自己搜集信息,了解以往的经验有哪些。再比如一个重量级项目和一个简单型任务,它们的交付成果标准是有差异的,要根据现有资源、客户需求、市场环境考虑具体实际。很多时候,你不知道什么是满分答案,因为实际可能存在多个满分标准。职场中答案不是唯一的,路径也非一成不变,需要我们在不断分析和解决问题的过程中灵活调整自己的行动。

那具体应该怎么做才能培养自己的专业性?我用一个公式来概括:专业能力 = 硬本事 + 软技能。

硬本事很好理解,是你做好本职工作需要的特定知识和方法。在很多"红圈所"和精品所,刚进来的毕业生都会经历几年的"学徒期"。在这个阶段,年轻人不需要找案源，只需要做合伙人分配的案件或项目，接受授薪制模式。他们不会直面市场冲击和案源压力，大多数时候只需要专心打磨基础知识，等技能成熟后，才会被"放出去"做更多维度的工作。

不过，这属于"红圈所"和部分精品所的人才培养方式。在更大的市场环境中，很多年轻律师拿到律师证之后，就要独立执业，面临找案源、接洽客户等业务问题。没有太多等待的时间，怎么才能让自己的专业能力快速提高？除了不断提升专业技能，还要向市场学习，要特别关注你的服务群体。

这个观点是我和我们所的资深合伙人璇姐聊天时获得的。我对她的这个观点高度认同。年轻律师想要培养自己的综合性能力，不仅要学习专业领域上的操作技能，同时还要关注客户、市场、经济结构，看我们要服务的人群的需求与特质。因为自己身上的硬本事需要投入现实的环境中使用，需要与外部需求相互匹配。在自我视角与外部视角之间不断切换，这是对硬本事的更深一步追求。

硬本事之外，另一点是软技能。很多人都忽视了软技能的重要性。如果说硬本事是你获得工作机会的敲门砖，那软技能则可以让你在入门之后脱颖而出，比如进度管理能力、表达能力、协作能力、领导能力和服务态度等。这些软技能有一个共性，就是需要从纯自我状态中走出来，从宏观方面，站在各方视角，调整行为模式、调整决策方案。

拿沟通能力来说，几乎每个工作都需要运用这项能力。和客户谈判时，需要理解客户需求，合理且专业的表达能打消客户疑虑；和同事协作时，对某一部分理解存在争议，要从事情的实践可行性层面阐述，而不能只强硬地表达自己的否定态度。这时候，专业性就意味着要把对方需求、把要解决的问题放在最前面。

戒掉学生时代的稚气，提高自己在工作上的专业性，并不是一个一蹴而就的过程，需要循序渐进。我们常说职场是一个"升级打怪"的地方，但我更愿意把其中的过程理解为一段发现自我更多可能性的旅程。当回望起点，我依然是最初那个怀揣着热忱与活力的自己，只不过，向前奔跑的路上，多了一身盔甲。

事必有法，
然后可成

01

高手和普通人的差距

　　在《令人心动的 offer》第五季节目中，我在给实习生黄凯指导第一个课题复盘时，和他说要学会将法律的知识点进行排列组合，再设计方案，而方案设计得越好，我们就越不会被人工智能所取代。这就像是高考数学的最后几道大题，它们不会简单地考一个公式，而是会把一些公式叠加考核。后来我在"小红书"上看到很多网友发笔记说，能否综合运用多种公式解决问题是"普通人和高手之间的差距"。也有很多朋友来问我普通人和高手之间最大的差距是什么。在我看来，差距分三个重要的维度。

第一个维度是认知。电影《教父》里有一句经典的台词："花半秒钟就看透事物本质的人，和花一辈子都看不清事物本质的人，注定是截然不同的命运。"所谓认知，包含知识储备、信息分析、观点解读、阅历等方面。事实上，普通人和高手之间最大的差距很大程度上是由认知造就的，这与性别、性格都无关。如果知识积累、阅历没到一定程度，在做重要核心的项目或者任务时就可能找不到抓手和切入点，甚至会陷入对事情的判断误区与混乱中。很多时候，人与人之间最大的不同，在于认知的不同和差距。曾经有个粉丝留言问我：学习没有动力怎么办？我反问她：那你有人生目标吗？她回复：有人生的目标，但觉得这个目标很难实现。我继续说：那你愿意降低目标吗？她一下子就懂了。**我们被困于某个问题无法解决，往往**

可能不是出于能力的问题，而是认知出了问题。

第二个维度是格局。我们做法律工作时，格局思维是非常重要的。在处理一个案子的时候，每个争议焦点、分析过程、证据运用都要连环相扣，彼此牵扯，我们需要对每个点所折射出来的问题逐一进行分析。有时候，一个案例可能涉及十几个大问题，我们需要全部研究完后，为客户提供最适合的方案跟进，一旦认知基础失之偏颇，就很容易顾此失彼，这和解高考数学最后的大题相比，是完全不同层次的困难。而有时候，最适合客户的方案，可能并不是让我们最赚钱的方案，如果没有足够的格局支撑自己的判断选择，过分利己，最后哪怕解决了问题，也不会获得多少喜悦与成就，可能还会丢失更多的机会。最优解意味的不是各个维度的最好，而是最适合。

第三个维度是体系。在《令人心动的 offer》第五季中，我对黄凯说知识要成为一个体系，要综合看问题，说的便是体系维度。高考数学的最后一道大题，总是会把代数、几何等方面的多个知识点叠加在一起，学生需要把每个知识点吃透且灵活运用，才能够解出来。你用什么样的原理排列组合可以更好、更快地得到答案，这就是体系的问题。

很多时候，认知、格局和体系的差距不仅存在于普通人和高手之间，还存在于高手与顶尖高手之间。战略要如何发展，对每件事情如何做取舍和价值判断，单点还是整体看待问题，这些每个人都有不同的思考。

无论是高手还是普通人，无论事情是具体到高考解题、职业判断，还是宽泛到人生命题，我们总是需要面对无数需要解决的课题，找到通关的密码、答案的通路。在这个过程中，我们需要不断提高认知、格局和体系这三个维度的能力，不困于心，不扰于行，才能够更加松弛、清醒地过好自己的生活。

02

提高认知，跳出思维的"井"

　　有一句念起来很像绕口令的话："看山是山，看山不是山，看山又是山。"看山的过程和认识世界的过程是一样的。初识世界，眼睛看见什么就是什么，山就是山；有了一定的生活阅历之后，人们开始对所见事物产生怀疑，山的背后便有了更多的意向和表达；而最终，了解了事物本质，人们会回到一种更深刻和全面的认知上，山仍然是山，只是再看山时，山多了一些神韵。

　　我所理解的"三山"理论，除了可以表示认知的变迁，还代表着我们要用一种极度开放的心态看待事物，拥有接纳不同观点的包容力，同时保持智识上的谦卑。

　　这个道理听起来很浅白，理解也不费劲，但在行动中却很容易陷入困境。很多时候，我们会依赖过往的熟悉经验对自己、对外界事物做出判断，下意识地回避新的方法或认知。突破认知壁垒很难，所以才显得尤为珍贵。

　　为什么我们必须强迫自己，不断突破认知的局限呢？

　　心理学上有一个理论叫"达克效应"（邓宁 – 克鲁格效应）。达克效应可以用一张认知曲线图表示，横轴代表着你的认知阶段，纵轴代表自信程度，它描述的是不同阶段的认知和自信之间的关系。第一阶段，当你刚开始学习某样事物时，很容易出现盲目自信的心态。这时候，曲线呈正比上升，并达到一个小高峰，这里的高峰指的是愚昧巅峰。就像我们小时候学英语，刚刚学会 apple、hello 这几个单词，就觉得自己已经能和外国人顺畅交流了，这属于认知不足。到了第二阶段，你会发现一片极其宽广的未知领域，巨大的信息差很容易让人陷入绝望低谷，自信也会随之递减。而到了第三个阶段，你会对自己的认知程度有深入的了解，知道自己空缺的部分，于是不断学习，这个曲线会再次出现上升趋势，这个阶段也叫开悟之路。最后一个阶段，在你对自己所掌握的能力和知识有了清晰的认知，同时能客观评估自己的不足之处后，自信将会维持在一定水平上。

这就是达克效应。有的人很自信，但只是盲目自信，是个纸老虎。真正的自信是一个人对自己和世界都有清晰的认知，知道自己处于什么样的维度，并能够用积极开放的心态去看待自己所处的生态位。

以我自己来说，我快 40 岁了，但我仍然觉得自

越无知的人往往越自信

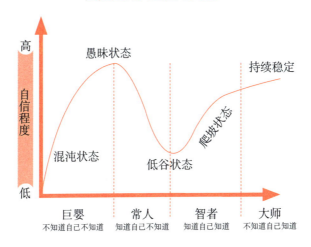

己还在成长阶段，知道我和下一个维度的人还有多大的差距，我还有哪些境界没有达到。同时，我明白自己已经拥有了什么，我目前的认知处于什么样的水平。这些对自我、对外界的准确定位，是在实践中经过反复验证的。凭借这样的定位和认知去做一件事，它的结果和预期往往能基本吻合，自然人也就会越来越自信。

那么，既然突破认知局限如此重要，我们具体该怎么做呢？

我的方法是"三多"：多读书、多实践、多思考。

多读书是为了拓宽见识。由于我们的背景、周围环境和人生经历的限制，我们的眼界可能并不宽广。而多读书，是将他人的思想和经历内化为自己的知识财富最直接的方法。

多实践，就意味着让自己走出去，去亲身体验和感受。有一句话是："纸上得来终觉浅，绝知此事要躬行。"我非常认同这一点。将阅读获得的知识和道理内化为自己的东西，加入自己的深刻理解，还需要实践才能完成。

多思考就是要将自己看过的、经历的东西反复思考，找到对自己未来行动有利的点。如果只是读书、只是实践，不思考，那么读过的内容就不会转化为我们自己的见解。还是我前面说过的，要避免"听了很多道理，却仍然过不好这一生"这种情况。

　　读书、实践和思考相互关联、彼此交织，并非孤立无关的三个个体。如果可以将这三者有效结合起来，我们在提高认知上的效率会显著提高。

　　我也一直用这个方法提升自己，这让我在提高认知之外，还发现世界是丰富多元的，不只有自己的一套理论体系和判断标准。之前我在社交媒体上回答粉丝的提问，例如，如何选择工作、是否要考研，都会自然而然地带入自己的价值观给予建议。但有一次，助理和我说，大部分粉丝的成长环境和价值观念与我是不一样的，如果一味强调奋斗改变命运，反而很难让人接受，会让人觉得自己的困境和难处并没有得到理解和共情。她的话提醒了我，应该重新审视自我和他人、世界的关系。

　　这个世界是多样的，包容多元的价值观念和不同选择，存在皆合理，每个人都拥有坚持自我的权利。而看见、思考、包容不同于"我"的价值观，才能更好地理解自己。**让别人的经历成为我们的经验，不**

仅是在破除对他人的偏见，更是在破除我们对自己的偏见。

局限于自己的思维，容易让自己变成井底之蛙，抬头只有一片井口般大小的天空。而跳出井口之后，你就会发现，原来山外有山，山外仍有山。那是一个更广阔的世界，以及更自信的你。

03

所谓效率高，就是没有多余动作

　　许多粉丝在社交媒体上问我该如何提升效率。他们描述自己的状态时说，尽管在图书馆坐了很久，但就是学不进去。在这方面，我确实有一些经验可以分享，因为我一直在追求多线发展，这要求我必须提高效率。如果要我总结几个关键点，那就是：有目标感、抓住主线任务和找到合适的方法。下面我们一个个来说。

首先，要有目标感。

什么是目标感？简单来说，就是你对于自己想要实现的目标极度渴望。如果你对某个目标有强烈的欲望，效率往往就会提高。如果没有这种欲望，学习或工作可能就会变得漫无目的，就会不自觉地开始摸鱼。有一次我跟朋友聊天，还开玩笑说，像咱俩这种忙成这样的，可能是因为想要的太多。自己想要实现目标，是提高效率的前提条件。

用什么方式可以达到目的？交付的内容应该是什么样子的？如何寻找范本案例进行学习？如何向经验丰富的前辈请教？……清晰的目标就像向导，在面对复杂工作时，帮助你保持清醒，不迷失方向，让所有的行动都有明确的坐标指向。

其次，行动要直击靶心。

有了目标感之后，就可以用目标倒推行动路径。通往目标的路径很多，这里要特别注意的是，行动需要直击靶心，不要迷失方向。

前段时间，我的一位同事花了很长时间准备一个法律项目，可最终交付的方案让我不太满意。事后，我和她进行了一次深入沟通，拆解了她的整个执行过程，发现结果不令人满意的主要原因是她过于纠结细节，忽视了关键问题，在无关紧要的环节浪费了过多时间，导致临近最后期限还要重新修改，时间上已经来不及了。抓不住主线任务，就会出现虽然表面上在朝着目标前进，但实际上只是在围绕目标外围打转的状况，最终仍然无法实现真正的目标。

所以，我给同事的建议是，首先找到方案中最核心、最重要的部分，把更多精力花在关键环节。核心内容确认后，再逐一修改和完善其他细节就不会觉得自己身上压着大山，也不会因为过度纠结细节而耽误最关键的任务。如果觉得自己在关键问题上没有思路，一定要及时和其他协作的同事沟通，千万不要自己闷头瞎想，导致最后给出的项目方案不符合要求。

最后，提效要讲方法。

提高效率是有方法的，虽然每个人的具体做法会有所差异，但还是存在一些普遍适用的高效策略的。我们在工作中最常用到的策略就是在执行时分清任务的轻重缓急。日常工作中经常会出现多项目同时交叉进行的情况，我的每个团队成员平均一天就要处理五到六项工作，我一天面对的同时在进程中的案件多达十个以上。所有烦冗的事情堆到一起，常常会觉得无从下手，这时候就涉及整体项目的统筹安排。要知道，每一项任务的实际要求和重要程度是不同的。拿我日常处理的案件举例。一些客户的项目复杂性和要求都非常高，这时我就需要沉下心来花好几天的时间，才能交付出 95 分（满分 100 分）以上的方案。一些客户只是咨询一个简单的问题，用于内部初步探讨，我就不需要做完整的书面分析，只需要站在专业的角度上，通过微信或者电话给予对方答复。总而言之就是按照工作的重要程度、难易程度，判断任务的优先排序，让工作的效率更高。

通过以上三点，我们可以在繁杂的任务中找到一条清晰的逻辑线索。这三点同样适用于做其他的事，用来帮助我们解决问题。在抱怨"时间不够"或"没有时间"时，我们或许可以思考一下自己是不是在观念、心态、方法上有一些需要调整的地方。如果我们知道如何在正确的时间，填入正确的答案，就会发现时间是一种财富，能让人体验更丰富的经历，形成更丰满的自我。

04

如何遇到贵人？

在《令人心动的 offer》第五季节目里，我给每名实习生送了一句话，其中给王艺妍好的是"好风凭借力"。这句话其实还有后半句"送我上青云"，原本是《红楼梦》中薛宝钗以柳絮为题作的诗，大意是借一阵好风之力，直达青云。这句话送给王艺妍好，是期盼着有朝一日她也能如此。

"一阵好风"，说得通俗些就是机会。但我也听到很多的抱怨，说现有的机会已经越来越少，资源都掌握在少数人手中，然后就会衍生出很多向上管理的营销套路。**但相比套路来说，更重要的是，你有没有发现机会的眼光，有没有抓住机会的勇气，以及有没有承接机会的能力。**今天我们就来说说其中的一种机会——贵人相助。

　　无论是生活里还是职场中，能够有贵人相助，都是非常幸运的事。但你观察周围，会发现一个很有意思的现象，有的人一路都有贵人相助，有的人却始终没有所谓的"贵人缘"。难道这一切全凭运气吗？其实不然，以我的经验来看，这是一件特别具有主观能动性的事。不管是学习还是工作，想遇到贵人，有两个要点必须牢记：一、把贵事儿挣出来；二、把贵人找出来。

　　先说第一点，把贵事儿挣出来。

　　在我高中时期，学校来了一位新校长。恰逢那段时间很多家长投诉我们学校的学生社会工作开展得太多，一定程度上分散了学生的学习精力，所以一开始，新校长对于我们的社会工作不是很支持。

而这个时候，我得到了一个机会，参加了教育部选拔的赴日学习交流活动。在整个学习交流的过程中，我积极地竞选主持人，组织访日团与日方的交流活动，表现非常突出。回到学校，我主动找校长汇报了活动过程中的见闻和收获。因为在赴日行程中我积极主动的表现为学校赢得了荣誉，所以我也给新校长留下了很好的印象。后来，我还当选了学生会主席，组织了校内更多的学生活动。高三时，我申请清华大学自主招生，校长给了我一封手写推荐信。等我最终考上清华大学后，我觉得他比我爸还高兴。

后来，校长在年度总结会上说："我们以后要培养的学生，就要像刘思远这样放得出去，收得回来。"会后分管学生工作的老师告诉我，其实我改变了校长对学生社会工作必然会影响学习成绩的看法，使得学校对于学生社会工作更加支持。

所以从这件事上看，无论是校长对我的认可，愿意给我写推荐信，还是校长对整体学生社会工作的支持态度，都不是我被动地等待或者直接地索求来的，而是靠我自己日积月累的表现获得的。很多时候，我们会认为贵人是整件事发展的关键推手，想着贵人出手就能青云平步，贵人出面万事就有转机。贵人在某种意义上有这样的功效，这不可否认。**但更重要的是，你要先站出来，站到有光的地方，让贵人看到你，看到你的优势和价值。这样，你得来的机会，是认可，是支持，是赏识，而不是施舍。**

还有一点，是把贵人找出来。

有一句话我很喜欢："真正的贵人，不是有钱人，不是有权人，不是遇事能帮你平事的人，而是可以给你如灯塔一样的光亮的人。"但很多时候，这束光不会平白无故降临，需要我们主动去发现，让光的能量转化成我们内心的力量。上学的时候，班上的同学们特别不喜欢一位女老师，觉得她唠叨啰唆。当时，班主任知道这件事后，就和我们说了一席话："每个人都有自己独特的优点和特质，要善于发现学习，并把他们的优点内化成自己的。你们有十几个任课老师，从每个老师身上学习一个优点，就有十几种优点了，这不是很棒的事吗？"

有时候，与其苦苦高喊没有贵人相助，不如主动去睁开发现贵人的眼睛。班主任的话让我受益匪浅，一直以来，我也始终带着发现和学习的眼光去看身边的每一个人。

在我的工作生涯中，曾遇到过很多贵人。影响最深的有两位，一位是我初入职场时的师父张保生律师，另一位是我来到"竞天公诚"后遇到的管委高翔律师。我的师父，聪明、专业能力强、有丰富的知识储备、特别能吃苦，完全凭借自己的能力，一路走到了今天的位置。跟着他做事，让我在入行之初就走上了正路，打下了极为扎实的基本功，养成了非常良好的职业习惯，对律师这份工作有了全面系统的认知和打心底里的敬畏。我们经常说第一份工作非常重要，并不是因为机会，也不是因为收入，而是因为当你是一张白纸的时候，别人怎么画，你就会呈现出什么。我能有今天，和师父的言传身教密不可分。

如果说我的师父教会了我怎么成为一名好律师，那么高翔律师就教会了我怎么成为一名好的合伙人。我刚成为合伙人的时候，他会亲自陪着我去见客户，教我如何把握客户痛点和需求，如何建立客户对我们的信任。他曾经教过我一个"打牌理论"——最好的状态是手里有十张牌，就把十张牌全部打出，全面展现自己的实力。如果不会营销，有十张牌只打出八张，很可能就没办法让客户对你有更全面的了解和信任，以致你在激烈的竞争中落败。如果有五张牌却打出了八张，那夸大其词多打出的三张就会让客户有不切实际的期待，未来很可能会反噬自身。

很多时候，高律师都能站在更高的格局上给我指点。随着律师行业"内卷"严重，客户付费意愿降低，很多案件需要打价格战。当时我正考虑采用"收缩战略"，既然利润率下降，我就不接那么多案件，尽量选择付费能力较好的，自己也能轻松一些。高翔律师听完后，表达了相反的意见。他告诉我，虽然大家此刻都在拼命往我所在的领域里挤，报低价当学费，但这种状态是一时而不是永久的，在"潮水"退去后，我得保证我还在场。他说："在任何细分领域，做到行业前三都是很难的事情。从战略角度看，保持行业地位远比短暂的利润率重要。"他的建议站在更高的维度上解答了我的困惑，随后我保持了扩张战略，不断招聘新人，培养新人，维持极高服务标准，深度把握客户需求，统筹供应链上下游，提供差异化服务，进一步扩大市场占有率，稳定了自己的行业地位。

和两位老师共事，在他们身上汲取到的专业能力、市场能力、战略规划能力，慢慢在我自己身上生根发芽，让我从专业型人才转变成强综合能力的六边形战士。是他们的光，让我觉得自己的前方道路更明亮。

　　《令人心动的 offer》第五季播出后，很多人把我当成了榜样，留言说我在节目中的许多话给了他们指引，破解了当下的迷茫。这对我而言，实在是荣幸的一件事。或许在某一个瞬间，我们也会成为别人的贵人。但我最想说的是，**成为一个能吸引贵人的人远比仰望贵人重要。当你身上有足够闪耀的光芒时，贵人自然会望向你，走向你。**

05

社交密码："先利他"

在刚开始做合伙人时，我接到的一个大案件源于一次"帮忙"。我的一位同学在一家律师事务所做非诉讼律师，当时他服务的客户被调查了，而他曾为客户出具法律意见，这也让他陷入了被调查的风险，于是向我寻求帮助。我在为他答疑解惑的过程中，认识了他的客户的管理层，又因为这名高管很认可我的专业能力，所以公司决定聘请我作为他们的律师，处理整个项目。

这个故事听起来太顺利了，以至于别人让我总结寻找客户资源的方法论时，我都很难归因，到底是运气好，还是我乐于广结善缘？其实，不管是寻找客户资源、向上管理，还是结交新朋友，它们都离不开与人相处。而在这个过程中，你若问我最重要的一点是什么，我可以很笃定地告诉你：**少一些功利主义的目的，才能多一些无心插柳的好运气**。

在社交场合里，人们往往带着两种不同的"资源包"，一种是职业资源包，另一种是情感资源包。职业资源包的焦点在于价值交换，人们投入社交时间，期待能够获得相应的回报，比如金钱、机遇或其他形式的利益。而情感资源包更关注情感的交流和心理的满足，追求的是快乐、放松和内心的充实感。然而，很多人会放大第一个资源包的价值，把所有的社交行为等同于建立人脉网络，总想着从中收获些什么，结果往往适得其反。

我并不反对看清工作社交中的利益交换，甚至还很鼓励这种清醒。明确自己的社交目的和需求，能更迅速地获得想要的结果，只要待人处世真诚可信，不做坑蒙拐骗的事就好。但我想要提醒的一点是，在工作社交中，即便追求价值对等的交换，也要先利他，再利己。

我进入竞天公诚律师事务所当合伙人这件事就是这样。很早以前，同学的公司想组织一场辩论赛，我同学知道我在学校期间打过辩论赛，于是就找我去帮他们做赛前辅导。我就抱着给朋友帮忙的想法，抽空给他们讲了一些辩论技巧。讲了一整天，到了晚上，部门领导前来慰问，大家便一起吃了饭，建立了联系。后来，我从前东家跳槽时，想多听听甲方视角的参考意见，于是主动联系了这位领导。这位领导跟很多律所都打过交道，他对"竞天公诚"的印象极好，也觉得这里的文化非常适合年轻人发展，于是把我推荐给了"竞天公诚"。正是因着这样的机缘，我投递了自己的简历，通过面试后，正式成为合伙人。

　　看到这里，你就会发现，我在为同学准备辩论赛辅导时，并没有企图从他身上获取什么，只是想帮他把这件事做好。未曾料到这次帮忙竟然为我之后成为合伙人牵了线。有时候，想让自己受益，就得先为别人付出。如果总想着先付出就是吃亏，就只能获得付出范围内的回报。**把利益看得太重，就只能把自己局限在狭隘的思维模式中，换一种心态，先为别人撑伞，释放善意，别人自然会在你即将淋雨时，借你一把伞。**

　　不过，一定还有人问，如果一味给予他人善意，不考虑回报，那不就会成为老好人吗？

　　这确实是个现实的问题，但事实上，能够同频共振的人，彼此的资源是可以相互匹配的。而且，这是一个互生能量的过程。"积极心理学之父"塞利格曼说过，**当我们给予他人善意时，也能在自己心里唤起近似的体验。善意是相互激发的。**

　　有一个很典型的例子。在《令人心动的 offer》第五季第三个课题火箭对赌案里，我带着的两名实习生需要与另一位"红圈所"的律师谈判，我暂且称这位律师大王律师。如今，大王律师已经成为竞天公诚律师事务所的合伙人，我们成了一起工作、一起打拼的战友。我和大王律师相识多年，他在行业内口碑极好，是同辈律师中的翘楚，但此前我们的联系并不多。直到节目录制后，我了解到他当时迫切想独立，于是主动问他愿不愿意来竞天公诚律师事务所。他自身业务实力非常强，最终顺利通过了层层考核，成为合伙人。事后，他问我当时为什么愿意选择帮助他。其实没有什么复杂的理由，只是觉得他的能力很强，可以配得上这个岗位，我当然愿意成为引荐人。现在，我和大王律师是很好的伙伴和搭档。和我欣赏的人共事，同样可以激励自己在业务上飞速成长，与他人高效协作。

如果用一句话总结我的社交原则，就是"但行好事，莫问前程"。某种程度上，善意的传递代表了世界的"镜像"，当一个人接收到他人的善意时，就像是接收到了来自世界的回应，此时善意也不再代表个体，

而是代表背后更为广大的世界、更为笃定的价值。

　　有心栽花花不开，无心插柳柳成荫。与其总是寻找最有效的人际交往方法论，不如先向身边的人释放善意。善意会形成磁场，为你吸引同样惺惺相惜的人与机会。

06

关于拒绝，委婉是方式，直接是核心

拒绝，是很多人心中的一道坎，他们既害怕被别人拒绝，也害怕拒绝别人。

初入职场的年轻人害怕被打上没有上进心的标签，即使自己的工作量已经过饱和，也不敢拒绝额外分配的新任务；社交活动中，有些人担心给别人留下不合群的印象，影响人际关系，宁愿参加自己不感兴趣的活动也不敢轻易拒绝邀请；情感关系中，有些人害怕另一方感到不舒适，于是不断讨好对方、迁就对方，牺牲自己的满足感。

其实害怕拒绝他人这种心态并非一些人天生的性格特征，主要原因是在早期与他人互动时，尝试过拒绝他人却都没有成功，所以逐渐形成了一种"不能拒绝、拒绝无效"的心态。在心理学上，有一个专业术语形容这一现象，叫"习得性无助"。陷入"习得性无助"困境的人总是觉得拒绝别人会产生负罪感，所以他们会不自觉地遵从别人的意愿，认为这种妥协可以保持自己内心的安全。

我在二十几岁时，也曾陷入不敢拒绝别人但内心又不情愿的纠结中。随着年纪与经历的增长，我逐渐开始敢于说不。其实，拒绝这件事并没有想象中那么可怕，它能直观地展现一个人的边界在哪儿，而不是无条件地满足别人的期待。

我遇到过一位前辈，他希望我聘用他亲戚家的一个孩子到我的团队。但经过评估，我认为这个孩子离我们的招聘标准还有非常大的距离。我向这位前辈解释了我们的人力成本，说明了招聘标准，也描绘了这个孩子如果加入团队会给所里、给我、给他自己带来的问题，并且向他建议了对这个孩子来说比较理想的职业发展路径和求职目标。听完之后，这位前辈非常能理解，这件事情也丝毫没有损伤我和这位前辈之间的关系。

拒绝并不是简单地说"不，我不干"或是"我不管这事"，而是要让对方知道自己的边界在哪儿，能做到什么程度。第一次提出请求的人没办法判断别人的边界，因为边界是在互动中形成的。然而只要请求是礼貌的，边界的试探大多时候无伤大雅。一开始就将话说明白，我的这位前辈更能理解我的边界，即便最后结果不如意，也不会多加责怪。

不过还是会有很多人担心：拒绝别人会不会得罪人，会不会破坏原本的和谐关系？在我看来，这绝不是问题的关键。问题往往不是拒绝不对，而是拒绝的方式欠考虑。

在我的工作中，拒绝客户是一项重要的任务，拒绝过程中既要维系好与客户之间的关系，不影响未来的业务往来，又要表达得清晰且委婉，避免产生误解。经常有客户来找我接案子，他们会发现我们律所的报价相对比较高。而我的报价高是因为成本高，对于一般客户来说，选择成本相对低一些的律所或许更有性价比。在拒绝这些客户时，我绝不会单纯地说"很抱歉，这个案子我接不了"，相反，我会为他们找到替代方案，告诉他们："很抱歉，这案子我暂时无法接手，但我认识一些律师团队，他们可能更适合您的需求，我可以推荐给您。"这样，既体面地拒绝了别人，也为对方找到了可能的解决方案。

一次拒绝，原本可能会影响关系，但用对方式，多替对方想一步，便可以让别人体会到你的善意，甚至为未来埋下更多机会的种子。

从另一个角度考虑，在工作上合理拒绝别人是一种保证自己专业度的表现。通常有两种情况需要审慎考虑，适当拒绝：一是工作量过大，二是工作难度过高。在工作量过大的问题上，我经常和团队的小伙伴讲："如果工作量已经超出了你的承受能力，一定要及时说出来，千万不要自己硬撑。"很多职场年轻人害怕拒绝，即便已经感到不堪重负，也不敢表达自己的工作压力。但这是有风险的，当人们处于极度疲惫的状态时，即便是平日里绝不会犯的低级错误也会容易出现。而对于工作难度过高的情况，一些年轻朋友在遇到问题时不愿意问、不敢问，担心这会暴露自己的能力短板，于是自己花费大量时间独自摸索，结果往往是花费时间久、效率低，成果还不尽如人意。所以我经常鼓励年轻朋友，一定要勇于表达，如果是方向错了，可以及时调整，如果是目前自身能力不够，团队也好安排更适合的人来协助。所以，当感知到自己因为工作量和工作难度已经处于压力的临界点时，一定要及时拒绝接受额外任务，这不是推活，也不是逃避责任，而是保证团队整体的工作质量不受影响的正确做法。否则，一遍遍推翻纠错，不仅难以获得高效率，自己的能力口碑也会大打折扣。

归根结底，拥有拒绝他人的底气的前提是对自己有清醒的认知和觉察，要明白自己拥有什么样的能力，能做多大的事，承担多重的责任。不要以压抑自我为代价去"讨好"别人，更不要假设他人的期待来勉强自己。学会拒绝，学会用正确的方式拒绝，是让自己做出最合理的决策，保护自我的最佳方式。

愿你也可以，按自己的意愿过一生。

07

调和不同意见，就是将"我"变成"我们"

　　一天晚上，妈妈发来一则微信，核心态度是希望我更专注专业领域，为避免分心，尽量还是不要跨界做事了。深夜收到这样一条多少有点"反对"意味的信息，即便自认是个意志坚定的人，我的内心仍然会有一些波动，况且妈妈是我最在意的人，她的态度或多或少会影响我的决定。那么问题来了，当妈妈和我在要不要跨界做事这件事上有分歧时，我该怎么办？

　　其实，要不要跨界做事这个问题，我在前面已经提过，"要不要做"并不是我再次讨论这个话题的主旨，而是想通过这一次和妈妈的交流，和大家一起探讨"当面临不同意见时，我们应该如何达成共识"的切实方法论。

　　这是我们每个人都会遇到的情况，但很多人在面对不同的意见和声音时，最常使用的方法是通过打压别人的观点来强调自己的正确性，但结局往往是双方精疲力竭，依然不能达成共识，最后留下一句："算了，你要这么想，我也没办法。"这不是真正的认同。这一次，妈妈和我有不同意见时，我第一步就排除了这个会让矛盾更加激化的方式，没有着急地否定妈妈的观点，而是给她发了共计 1500 字的几段微信消息。首先表达了对妈妈的感谢，因为她所有的态度和想法都是站在她的立场上表达对我的关心和担忧，我感受得到，也要让她知道我感受得到。进而是详细说明自己跨界做事的缘由以及切实可行的行动计划，让她知道我并不是一时冲动，而是有自己的逻辑和思考。最终妈妈赞同了我的想法，也表示会一直支持我的决定。

回过头来想，这件事情的一个前提是，让妈妈知道我和她之间是在理性讨论问题，而不是情绪上的赌气。回看妈妈给我发的微信，她不赞同我跨界做事的原因有两个：第一，担心我会因此影响本职的律师工作；第二，网上言论太多，容易扰乱心智，影响心情。站在妈妈的角度，我在律师行业已经拥有了一定的成绩，如果因此受到影响，实在太可惜。而且公开表达一旦被误解，很容易被舆论反噬。但从我的角度出发，这件事并非只有这一种理解方式。即便是再亲密的人，也容易有意见相左的时刻，如果只是相互反对，彼此之间的关系一定会受到影响。**我认为要和妈妈达成的一个共识是：我们是出于同一个目的而沟通。**

需要让双方都理解的一点是：共识并不是一个模糊的概念，而是我们共同追求的明确目标。而为了实现这一目标，我们必须将它分解为一系列关键步骤，并保证每一步都向着目标稳步前行。

第一个关键步骤：让意见归意见，情绪归情绪。

最开始，妈妈给我发来的微信中带着一点急躁，她担心我无法全身心投入律师行业，不停地强调一定要做好律师。这和我的观点完全一致，但我试图把情绪放缓，用温和平静的语气和她说："你和我想的一样，我在社交媒体上也一直强调，我的本职工作是一名专业律师，跨界做事绝不会影响或让我放弃本职工作。"接着，我再叠加一层肯定意思，继续说："我还是会在这个行业继续精进，如果我还在不断胜诉和获奖，更不怕别人说什么。"听了我的话后，妈妈发现我和她之间并非对立的，在"深耕律师领域"这个关键点上观点是相同的，这给了她一颗定心丸。

达成共识之前会产生无数意见，相反的、相似的、合理的、偏执的。当意见混杂，还无法梳理出一条明线时，双方很容易带着"敌意"交流。如若让意见归意见，情绪归情绪，我们就更能理解双方的诉求和期待。挑出意见之后，再在其中找到相同点，这往往就是撬动共识的支点。

第二个关键步骤：晓之以理，动之以情。

要从根本上解决难题，还得回到我们真正有分歧的事情上，也就是要不要跨界做事。妈妈对跨界做事已经有了一个负面印象，再和她讨论跨界做事的价值、意义这些理性客观的内容，她也无法认同。所以我就切换角度，将讨论视角从"跨界做事"这件事转向了"我"。我和她说："这是我的一个新尝试，它让我拓宽了人生边界。我一直相信，人生不是被规定好的轨道，而是漫无边际的旷野，并且只此一次，无法重来。到盖棺论定的那一刻，你能体会什么，你能留下什么，一切都是未知和需要探索的。"我想让妈妈明白，跨界做事就是我在人生中的一次选择、一次探索，而任何经历，都是独一无二的人生财富。

感性之外，理性也是必需的，双轨并行才能让人信服这件事的可行性。我坦诚地和妈妈分享了自己的未来规划和精力分配。在律师业务方面，我每年除了指导团队其他主办律师的案件外，还自己办理至少 30 个案件，保持对本职业务第一线的观察。同时，我会坚持积累知识和深造，在长江商学院攻读完硕士之后再去考博。剩余的时间再去跨界做事。表明大方向后，我还交代了一些正在跨界的具体行动，让妈妈清楚都包含哪些内容，例如参与一些公益普法宣传、出版图书、录职场综艺等。参与这些跨界活动的前提一定是充分保证我的专业调性，我的目的绝非成为一个简单的流量网红。除了我自己要承担大部分的工作和责任外，我希望妈妈也加入其中，一如既往成为我最稳固的大后方和永远的避风港。

晓之以理的"理"，不仅是道理，还包括理性动因，是一个个具体可落实的行动。动之以情的"情"，不仅是情感，还包括精神共鸣，是彼此之间能够相互认同、协作前行。

第三个关键步骤：单点突破，消除忧虑。

计划再完美也难以预设未来所有的变化和困难，这是人生的常态。我给妈妈列举的跨界方案是基于正常情况下的推进计划，还有许多意外情况是我目前无法预料到的，例如网络上的流言蜚语。我没有向妈妈隐藏和忽略这些，而是专门挑明了网络舆论可能带来的负面影响，以及我的应对方式。我非常清楚不可能所有人都喜欢你，很多评论你的人并不了解你也并不想了解你，甚至很多人发评论只是为了抒发他们的个人见解而已。所有的声音，哪些听取，哪些听而不取，哪些可以排除不听，我有自己完整的价值判断体系来过滤。有时候，在沟通中，再小的忧虑也会被放大，进而影响最终目标的实现。优先掌握主动权，先一步提出解决方案，这样，双方的矛盾才有很大可能逐一化解。

不久后，我收到妈妈的回复："如果这是你喜欢做的事，我们一定会支持你。我们不是反对你，而是把担心变成提醒。知道了你的想法和目标后，那就是无条件支持你。无论这件事什么结果，都不要在人生中后悔。"

读微信消息时，我的心里涌入一阵暖意。我不仅解决了和妈妈之间的意见分歧，更觉得在跨界做事这件事上，我不是一个人在奋斗，妈妈永远会在后方支持我，给我力量。

意见分歧是常有之事，不论是在职场上，还是在家庭中，以上的三个关键步骤都能帮助我们拨开意见混乱的迷雾。当不同意见产生时，不要逃避，也不要互说狠话形成对立，要找到有效沟通的方法，最终的目标就是把"我"变成"我们"。对话的双方，不应该利刃相对地互相伤害，而应该温和冷静地握手。希望大家都能对自己负责任，对他人有交代，对关系有善终。

种一棵树最好的
时间，是现在

01

抓住命运抛出的每一次机会

经常有人问我——取得成功的秘诀是什么？当然，我现在还不能叫成功，只算是小有成绩。那么，取得成绩的要素有哪些？仔细想想，我大概凑齐了这样四项：聪明、上进、勇敢、幸运。有句话叫作"努力决定下限，运气决定上限"，我是同意的。当然，单纯被动等待好运降临到自己头上不符合我的风格，更多的时候，我会主动争取机会、抓住机会。回想自己从小到大的成长经历，有两点可以总结。

第一点，做好眼前的事，别做投机主义者。

我老家在安徽马鞍山，一个三线城市。它所拥有的资源和条件都很有限。但是进入清华大学后，我发现自己和很多一线城市考上来的同学之间的差距没有我最初预想的那么大。我思考过这个问题，可能的一种解释是，马鞍山虽然教育资源有限，但在我那一届学生中，作为一个优等生，我获得了学校较好的一些资源、机会，这使我能够在成长过程中得到充分锻炼和提升。

去年过年回家，我特地回中学看望了当年的团委书记。我跟她说了我非常感谢当年学校对我的培养，让我获得了较高的起点、开阔的眼界。但老师笑笑说："这不是我们给你的，是你自己争取的。"因为在学校学生会的工作中，我始终非常积极，平时也总往团委跑，主动组织新活动、汇报新进展、承担新任务。相比较需要被老师不断督促的同学们而言，我的主动性让我得到了更多的锻炼和成长，随之而来的是更多的机会。中学时我曾经有过一次出国访问的经历，当时教育部计划从全国选出 100 名学生去日本交流学习，马鞍山市得到了其中一个名额，最终这个唯一的机会落到了我的身上。在当时，我甚至都不需要去争取，在我什么都不知道的时候，学校就把我放在了第一推荐位。

成长是一步一步来的，荣誉是一项一项垒的。与其抱怨一个天大的馅饼为什么没有降临在自己头上，不如踏踏实实从眼前的事情做起，能力提升了，让别人看到了，机会就会像一个礼物般降临，奖励过去努力奋斗的自己。

还有就是，别在努力的最初就抱着功利性的目的去获取资源。我是一个很会争取机会、获取资源的人，但我也并非做每件事都这样，大多数时候，我只是在磨炼自己的基本技能。机会是留给有准备的人的，踏踏实实做好眼前的事，不断提升自己的能力，机会自然会在不经意间到来。

第二点，机会需要靠自己去发现和争取。

很多同学说找不到很好的实习机会。而我在硕士一年级的时候，就获得了最高人民法院实习的机会，那是教导我们一门实务类课程的兼职老师推荐的。那门课的考核方式不是打分制，而是按照"优秀""及格"来评定，所以对学分绩点的计算帮助不大。可能在别人看来，这就是一门"混学分的水课"，但我觉得老师讲得很有意思，我能学到很多东西，甚至能给我带来未来职业方向的思考。所以我在课上积极回答老师提问，积极在小组报告中发言展示，给老师留下了很深的印象。结课一年之后，老师突然发短信给我，说最高人民法院有一个实习机会，让他推荐学生，问我想不想去。

这段经历也印证了另一件事：千万别害怕展现自己，要主动。 日常主动展现自己可以体现自身实力，给别人留下深刻印象。营造良好的人际关系，关键时刻往往可以帮我们赢得被看见的机会和来自外界的支持。无论你是在学校里参加社团活动、竞选学生干部，还是在职场中争取升职加薪的机会，道理都是一样的。

很多时候，差距不是突然显现的，而是在一次机会、一个资源、一份信息中慢慢被拉开的。主动性的另一面还包括拥有主动获取信息的能力，因为很多时候，不知道所带来的遗憾要远远大于未曾努力。

再讲一个我自己的故事。在高二时，因为在学生会工作，我能接触到很多高三的哥哥姐姐。我从他们口中知道了自主招生的存在（那时我们中学第一年参加自主招生）。等到高三时，我就特别留意了各个高校自主招生的信息。后来我通过《新闻联播》看到清华大学开始自主招生，也在其官网了解到除了中学推荐这种方式外，还可以自荐。当时，连我的中学老师们都不知道还能自荐，而清华大学分配给我的中学的校荐名额，也全部给了理科实验班，文科班没有分到名额。所以你看，很多时候，如果不是自己有意识地主动去获取信息，就不会发现竟然还有这些机会。

　　虽然自荐相比于校荐，还是有一定劣势的，但只要你真心想要这个机会，就总能找到办法。还记得当时，我拿着自荐表站在校长的办公室门口等他，如实地说明自己的情况，请他帮我写推荐信。所以，虽然说是自荐，但因为有校长的亲笔信，也相当于校荐了。很多时候，获取信息只是你向前迈出的第一步，之后还要不断争取，直至把事做成。在这个过程中，肯定会遇到很多难处，有很多想要放弃的瞬间，但只要你主动去抓住这一次又一次的机会，坚持住，你的心态、认知、行动都会被调动起来。那时距离自主招生考试只剩下一个月的准备时间，我太清楚这场竞争的激烈和难度，付出了自己当时全部的精力，最后顺利通过了清华大学的自主招生。

　　时间退回高二，我那时还跟着高三的哥哥姐姐们去参加了高考后的大学招生见面会，各个大学招生办的老师们发现我只是个高二的小孩后都很惊讶，在我之前，他们还没看到有高二的小孩跑到招生会上来围观的。我解释说自己只是过来感受高考压力，以及顺便搜集学校信息。所以也是那个时候，我就知道了前一年各个学校的分数线大概是多少、都有哪些专业比较好、专业之间的级差分大概有多少等。所以等到第二年高考后报志愿，我能够在精准估分的前提下，如愿报上清华大学，也如愿被第一专业志愿法学专业录取。

这种"心想事成"的机制也被称为吸引力法则，在心理学的视角下，我们对待机会的态度，会受到内心信念和期望的影响。在你主动去抓住一次机会时，大脑会形成一种积极的反馈机制，从而激励我们更进一步地追求目标，面对挑战。就像《牧羊少年奇幻之旅》里讲的："当你想要某种东西时，整个宇宙都会合力助你实现愿望。"

现在我偶尔会在单位和实习生一起吃饭。有一个很有意思的现象，有的实习生会充分利用这个时间主动找我聊天，讲一些自己的故事或者咨询一些专业上、职业发展上的问题，有的实习生则不太敢说话，几乎没有什么交流。其实，在这种相对轻松的场合，能主动聊天、发起话题是很重要的，因为大家都不是处于紧绷的工作状态，不用有上下级关系的顾虑，这时最主要的是主动消除和别人之间的距离感，展示自己或者获取信息。这样才能让别人记住你是谁，你做了什么事，你还有哪些优势和潜能，或者解答你职业发展中的疑惑，你才能从过来人处获取经验教训。

没有人天生勇敢，所以千万不要有太多包袱，也不要太在意所谓外界的眼光和评价，勇敢大胆地直接去做就好。我一直和身边的年轻人说，要抓住命运抛出的每一个机会，不要给自己设限。当然，努力过，抓不住，也正常。争取的过程也是一种成长。这是前辈曾经告诉我的，是我自己努力践行过的，也是我期望能分享给大家的。向内突破，向外延伸，人生才会有界无边。

02

别乱想，"做"才有答案

讲一个关于忧虑的农夫的故事。有个胆小怕事的农夫成天心事重重，一副魂不守舍的样子。一天，有人问他今年是不是种麦子了，农夫回答："没有，我担心天不下雨。"那人又问："那你种棉花了吗？"农夫答："没有，我担心虫子吃了棉花。"那人再问："那你种了什么？"农夫说："什么也没种，我要确保安全。"

虽然这个故事看起来有些极端，但它确实反映了现实生活中许多人的心态——因为担忧风险而停滞不前。比如，一个想要考研的同学，总是担心题目太难、竞争太激烈，结果犹豫不决，不敢迈出那一步；一个员工害怕加薪请求会被老板拒绝，因此从未提出过加薪，结果几年来工资一直没有变化，职业发展也因此停摆；一个单身人士，因为害怕表白被拒绝，所以从未向心仪的对象表达过自己的情感，最终只能维持一段普通的朋友关系。

我们再深一步思考他们真正担心的是什么。其实他们担忧的是自己投入了努力却得不到预期的回报，甚至可能错失其他机会，承担失败的代价。那些成功的故事另一面的风险是：考研没考上，可能错失好工作的机会；员工提出加薪请求被老板拒绝，给领导留下了不好的印象，于是工作中备受针对；至于表白被拒绝，那更是不言而喻，两人可能连朋友都做不成。所以，有时候我们会因为这些担忧而犹豫不决，是因为那些可能存在的负面后果确实会对我们自身产生影响。

权衡选择是必要的，我们需要评估自己的得失，以及成功的可能性。特别是要退一步思考，如果不成功，自己是否能够接受这样的结果，或者是否有其他可行的备选方案作为退路。如果可以接受退一步的结果，那么剩下要做的就是尽可能提高成功的可能性。

最不明智的做法是让自己陷入对未发生事件的无谓忧虑之中，幻想各种各样的意外情况。一定程度上的担忧，或者说权衡，是必要的，是理智的，但过度担忧会让我们不敢开始，害怕面对失败，无形之中为自己增加许多压力。比如不停地对自己提出假设性问题："如果没考上怎么办？""如果被辞退了怎么办？""如果表白被拒绝怎么办？"这些假设性问题成为横亘在目标之前的阻碍，形成了一堵结实的压力墙。

完成一项艰巨的任务本身就是一个充满挑战的过程，它不可避免地会带来各种压力，但在外部压力的基础上，再给自己增加额外的情绪负担，就很容易变得焦虑，最终影响决策和行动，导致任务失败。像上面说的那些问题并非不需要担忧，但关键在于担忧了之后要给自己一个答案，再评估答案是否可以接受。如果考研没考上就去找工作，如果被辞退就换一家公司，如果被心仪的对象拒绝就重新做回朋友，没什么大不了的。当退一步的结果能被接受时，我们自然就会有更多的勇气向前迈进。

前几天，有个高三的小姑娘和我聊天，说自己正在备战高考，学校里的复习节奏很快，总是有一种自己被落下的感觉。虽然她明白焦虑并没有用，但有时候还是难以控制，导致自己陷入内耗，难以自拔。当时，她理智又清醒地问了我一句："要如何摆脱？"听到这句话时，我还是很高兴的，和深陷情绪困境，不断消磨意志相比，能够有所察觉并想要及时止损已经值得为自己鼓掌了。

回到她的问题，我的答案是：行动。

　　焦虑有一个反义词，叫具体。 当你将问题具体化，就会自然而然地找到方向和路径。在工作中遇到棘手的案子时，我也会感到焦虑，有时候甚至难以入睡。我的一个应对方法是——不睡。让自己立刻行动起来，把眼前的问题按步骤拆解成一个一个小问题，再就每一个分支问题列出可行的解决方案。虽然这些方案并不一定能成功解决问题，但只要当下能想出应对办法，我就能安心地入睡。很多事不可能一蹴而就地解决，需要我们在反复否定和推翻中找到新的方向。给当下一个或许可行的解决方案，其实是带自己进入具体的行动轨道，沿着这条思路行动，我们就不太会被情绪带偏。

　　这个答案再丰富一层，就是积极的行动。这个行动不是被迫的，而是主动的，是积极的，是心态阳光的。在行动之前，我们需要调整看待压力和焦虑的角度。**压力并不全然是负面的，合理且适度的压力能提升人的能力底线，有压力代表着你正处在"升级打怪"**

的过程中，正在挑战和获取更高层面的东西。如果能这样想，就可以把被动承压转换成主动提升能力并获得更多积累，行动就会变得积极。

有时候，人生像是赶路，每一阶段的目标是远方的站点。目光在远处，步子却在脚下。如果步子迈得太大太快，就容易因动力不足而摔倒；如果担心远方太过遥远，迟迟不敢抬脚，就只能永远停留在无法到达远方的怅然失落中。把目光移回具体的路径，一步一步往前走时，焦虑自然就消失了。

不过必须承认的是，当正反馈迟迟未出现时，任何人都容易陷入自我怀疑的陷阱，并在其中经历反反复复的折磨。面对这样的情况，我可能会停下来，抬头看。如果路径是正确的，目标仍在前方，没有出现方向上的偏差，那么我会坚持行动，等待量变到质变的过程。当然，如果这种重复的量变让等待太过煎熬，我会采取另一种行动转移注意力，比如去 KTV 唱歌、去旅行、去购物，或是和朋友聊天……短暂地将自己抽离出来，投身于真实的生活中，这些细微的小事或许会成为缓解焦虑的良药。

行动是对抗焦虑的利刃，它让人集中心力，专注眼下。多去投入一些具体的实践，少一些空虚的想象；多跟自己强调"没问题"，少说一些"但是"。退一万步也没什么大不了，忧虑总能得到解决。

03

勇气是普通人最大的资产

狭路相逢勇者胜，有时候，勇气比知识更重要。很多人可能看过我之前的一场对谈直播，里面聊到了"勇敢"这个词语。那场对谈后，我收到了很多人的私信，都提到自己被深深鼓励了。这也是我的荣幸。

我一直觉得自己是一个勇敢的人。勇敢不是莽撞或简单地成为勇士，甚至斗士。相反，"勇敢"是一个很具有普适性的品质，去迎接一些新的改变，去追求舒适圈外的可能性，去尝试将脑袋里的想法兑换成生命中的现实，这些都是勇敢。

　　我的一个师妹很有意思，她也是清华大学法学院毕业的。当年她以清华大学艺术特长生的身份进入学校，特长是主持，同时也是学生艺术团话剧队成员。读书的时候，我们还一起搭档主持过很多场晚会。毕业后，她去荷兰读了法学硕士。但等到毕业找工作的时候，她突然觉得，自己不想将法律职业作为终身事业。那她想做什么呢？她拷问自己，发觉自己最喜欢电影。但喜欢看电影和能够拍电影是完全不同的概念，于是她尝试自己拍了一部短片，去申请伦敦和布拉格的电影学院，并顺利拿到了多个 offer，最后拿到学位，毕业作品还在欧洲拿了奖。

　　在很多人眼里，放弃读了多年的法律、名校的培养，然后重新学习一个完全不同领域的知识非常"大胆"。在我眼里，这就是勇敢。她的勇敢在于，知道自己想要什么就大胆去追求，并接受踏上这条路之后所有的辛酸，不恋过往，不惧将来。她知道自己不想要什么，也敢于果断舍弃，将本硕期间大部分的学术积淀放弃，一切从零开始，并不是一个非常容易的决定。说实话，如果是我，我是做不到的，但她做出了自己的选择。虽然彼时不知道未来是否会成功，但不惧。2024 年年底，她的第一部电影在国内院线上映了，里面还添加了一些话剧桥段，我觉得非常精彩。

很多人会问，勇敢的来源是什么？我想，勇敢在某种程度上，需要依赖一定的底气帮我们尽可能降低未知的风险。我的师妹从法律专业转向电影行业，靠的并不是一腔孤勇，她其实是稳步推进的。她清楚地知道自己对电影的热爱远超法律，但她也明白，喜欢看电影和有能力拍电影是两回事。为了验证自己是否真的有能力进行电影制作，她拍摄了一部短片，并用它来申请电影学院，最终成功。

勇敢不是莽撞，对自身能力和选择前景风险评估

完全不准确的勇敢，是"愚勇"，我只能劝一句"冲动
是魔鬼"。另外，风险十分大的选择，也不能叫"勇
敢"。当我们需要勇敢的时候，往往表示选择的道路具
有一定的挑战性，超出我们的能力，需要我们踮起脚、
跳起来才能够到，甚至要孤注一掷。所以，"勇敢"还
需要"果断"的加持，帮我们在底气不足、把握不大
的时候，向前迈出这一步。

　　我能想到自己做过的最勇敢的事，就是当年决定
报考清华。当年高考志愿填报需要估分。虽然我的模
考成绩十分亮眼，但高考"考砸"了（这个考砸了是
相对概念）。以当时的估分去报清华大学，参考前一年
的分数线，我有很大的可能会落榜，掉到二本院校。
那是我第一次如此强烈地感受到"不确定性"带来的
不安全感。当时父母都劝我选择另一所 TOP 5 的院校，
因为我当时已经获得了那家院校的自招加分，这是更
安全稳妥的选择。别的院校当然也非常好，但"清华"

一直是我梦寐以求的大学，彼时也是我 18 年来离它最近的时刻，我决定勇敢一点。

还记得去交志愿表那天，我红着眼睛，年级主任看到后和我爸妈说："明天下午 4 点，是学校封志愿交到市教委的最后时间，让思远回去再想一天吧。"回家后，我哭着挨个给带班老师打电话，问他们能不能明年去教复读班。老师们劝我不要想不开，另一所学校也挺好的，但当时我真的已经孤注一掷了，我抱着接受复读的心态，第二天去交了第一志愿清华大学的志愿表。

后来我听到很多师弟师妹吐露遗憾，当年他们的分数明明够得上"清北"，但临门一脚为了求稳选了其他院校。这让我觉得，有的时候这些遗憾之所以存在，一部分原因可能就是他们缺了一些孤注一掷的勇气。

当然，如果最后我差几分落榜了，这可能又是另外一个故事了。不过我能够接受去复读班，一个原因是看到有师兄第一年报清华大学没考上，第二年复读去了"北大"元培班。我也相信以自己的能力和心态，就算复读，第二年还是会圆梦"清北"。我的"勇敢"不是不切实际，而是能对预估后的后果充分接受。

所以在这种人生中必须做出选择的关键时刻，我们需要勇气，当然也需要控制风险，有退路、能承受失败很重要。首先必须明确一个前提，清华大学是在我踮起脚努努力或许就可以够到的地方，而最坏的情况不过是因几分之差失之交臂，必须复读一年，我也做好了这个准备，能承受这个结果。我愿意豁出去，给自己一个机会。

在工作中，同样需要勇气。我是在 30 岁生日的时候，向前律所提交了我的离别信。"今天是我的 30 岁生日，三十而立。"这是我在离别信上写的第一句话。第二天，我就到"竞天公诚"报到了。那会儿，我毕业工作不满 6 年，内心当然也有很多的顾虑和担心，我能不能完成从一个律师到律所合伙人身份的转换？

最焦虑的时候我问自己，毕业五六年会有这份担忧，难道毕业 10 年、12 年再做这个选择就真的会完全无后顾之忧了吗？**答案是人生永远没有万全的准备，任何时刻都是机遇与挑战并存的，不迈出第一步去尝试，就永远会对未知充满胆怯。**后来很多在"红圈所"拿授薪拿惯了的朋友想独立又不敢的时候，就会来问我："你当年为什么敢？我从事这行 12 年了，仍然不敢独立，想找个靠山，或者有个保底工资，避免吃了上顿没下顿。"

成为合伙人，不仅对专业能力有很高的要求，还意味着你必须拥有更大的格局和更宏观的视野与规划，要考虑更多的维度，观照更多的层面，承担更多的压力，包括专业能力的精进、客户预期的管理、团队成员的培养，以及市场与案源的开拓。

可当年，我选择去做合伙人的时候，你说我一定就是信心满满，觉得自己未来注定能够一路高歌、一战成名吗？当然不是。和未来一起到来的，是巨大的未知。没有资源，没有市场，没有信任，只能自己一点点去拼出来、闯出去。有一句话说得好：**人，不都是从无到有的吗？**

这个从无到有的过程，是由无数敢于探索未来收获未知与惊喜，敢于突破自己积累成长与勇气，敢于不断攀爬沉淀伤痕与风景的阶段组成的。**在这个过程中，一直守护和陪伴着我们向前的，是刻在心头的那一个"勇"字。**对于绝大多数普通但不甘于平凡的人而言，这就是生命中无比宝贵的资产，可以帮我们翻山越岭，走出低洼沼泽，找到生命的光和自己。

04

先完成，再完美

想请大家和我一起做一件事：拿出一张白纸和一支笔，不借用其他工具画出一个完美的圆。

不知道你画出来的圆轮廓是否规整，我画的圆线条歪歪扭扭的，有可以修改的余地。徒手画圆是一个有趣的挑战，有许多练习的小技巧。在画出一个完美的、线条流畅的圆之前，最关键的一点是先把圆画出来。

很多时候，做其他事情和画圆一样，不完美是学习和进步的起点，完美状态并不是一蹴而就的，反复实践、推翻原来的方法是必经之路。**先做到完成，再抵达完美，这是一个螺旋上升的过程。**

前段时间，我和《令人心动的 offer》第五季的实习生许文婷做了一场直播。她说自己曾经是个追求完美主义的人，如果一件事情达不到心中的高标准，她宁愿不去着手做。然而，她发现追求完美主义让自己陷入了拖延困境。后来她开始调整心态，不再事先预想完美结果，而是学着对自己坦诚，接受自己的不完美，逐渐构建起自己的底层自信，最终摆脱了完美主义心态的束缚。

完美主义像一片泥沼，越往里走就越容易深陷其中。我们必须认识到的一点是，每个人的能量都是有限度的，总是用完美主义的标准来衡量自己，只会将自己压得越来越喘不过气。当结果不尽如人意时，还可能会陷入自我怀疑和悲观主义的旋涡，最终将自己的能量消耗殆尽。这是一个很大的问题，会让人失去前进的动力，变得胆小与畏惧。为了摆脱完美主义心态的控制，我想从三个维度来说明。

第一个维度，先行动，别管其他的。

行动是对生活的掌控，永远不要等准备好了再行动，因为永远没有完全准备好的那一天。在前面"别乱想，'做'才有答案"一节中我也提到了，很多人都觉得我在工作还不满 6 年时就独立做合伙人，是一件很冒险的事情。当然，我也绝非个例，在我跳槽前一年，有一位比我高一年级的资深律师，刚刚跳出去做合伙人，且第一年就业绩斐然。他让我看到了，有时候，大胆尝试比等待更有意义，甚至在行动的过程中，还能发现更适合自己的道路和方向。正是在他的鼓励下，我开始重新审视自己的职业目标，探索更广泛的职业选择。后来我发现成为律师事务所的合伙人没我想的那么难，也许在决定走上这条路之前我有过犹豫，或者说是权衡与思考，但在我做出决定之后，我便没有任何犹豫，没有被年龄、资历这些外部条件束缚，而是直接行动起来，尝试投递简历、寻找机会。最后的结果，我不仅跳槽成功，还顺利成为"红圈所"的合伙人。

我刚成为合伙人时，团队还没有完全建立起来，很多事情也并不完美，需要逐步完善，所里为支持新业务发展，也在我身上投入了很多。但我如果只停留在原地空想如何做到完美，而迟迟不行动，我必然会错过我所处领域飞速发展的黄金时期，也会失去现在所拥有的先发优势。

有的时候，我们是看到希望才行动，而有的时候，我们得行动起来才能看到希望。所以，万事成功的第一条，先行动起来，以赛代练，哪怕第一次只做到60分，也能为下一次积攒再进一步的经验。

第二个维度，完美是一个过程，不是一蹴而就的。

我在撰写文档时，不会在一开始就反复修改，而是会先写出一个初稿版本，哪怕它只有两三页。然后一个问题接一个问题地进行深入扩展和论证。这样，即使时间紧迫，我也能提供一个可用的版本，不至于在最后关头手忙脚乱。但在获得最终版之前，我可能会修改出 20 多个版本，直到文档质量在我眼里是最好的。

完美不是静止的状态，完美是一个过程，它不是一蹴而就的，不要期待在一开始就能做出完美方案，但至少应该让自己有一个可以提升和改进的基础。

第三个维度，不迈出去这一步，你永远不知道这条路要怎么走。

等真的做了合伙人，我才发现哪怕我已经预设了自己会遇到千般难、万般苦，现实还是比我想的要难。虽然我在别人眼里似乎出道即巅峰，一独立就拿下多个市场里程碑级的案件，但只有我自己清楚前几年是怎么熬过来的。几乎每半年，我都会遇到新的问题——从最初案源开拓的压力，到后来的客户预期管理，再到团队培养周期的设定和市场变化后的战略调整……"不当家不知柴米贵"，有的时候只有坐到那个位置上，才能真切感受每一个迎面扑来的问题有多难解。但是，如果不迈出这一步，你永远不知道这条路要怎么走，也根本没有机会走出来。

其实，不管是规划时间还是行动，背后的行为逻辑都是为自己心中的目标降低难度。抛开交一份完美报告的念头，先把脑子里已有的思路写下来；抛开要等到有经验后再跳槽的念头，先投几份简历试试。当你着手试了，可能会发现这件事并没有想象中那么困难。太过纠结一件事能否做得完美，反而会失去行动力。

生命本身就是一场体验，请先接纳不完美的自己，用"完成"的心态去雕琢内心的完美，成为一个"不完美主义者"。**不完美，才是这个世界的本质。**我们用不完美主义者的身份重新看待自己、看待事情、看待世界时，会发现，原来我们可以如此自由、如此大胆，不再畏畏缩缩、裹足不前。**比起"最好"，我们拥有成为"更好"的人的勇气。**

抵达真正的完美，始于放下完美心态。

05

翻新自己，找到持续的动力

你有多少次决心改变？又有多长时间过着和以前一样的生活？

《令人心动的 offer》第五季节目播出后，我的社交媒体就变成了小树洞，涌进了无数倾诉自己困惑的人。一次，在我的评论区，有一个女孩留言："如果有下辈子，我想活成你的样子。"看到这条留言时，我的心里生出很多感触：一是很感谢有这些素未谋面的朋友对我表达认可；二是会心生感慨，原来这个世界上有那么多人都在为渴望改变而苦恼。

有些改变是因为外界环境变动，迫使我们不得不重新规划人生路径、改变心态，比如毕业、升学、失业……而有些改变是自己主动发起的，比如想要升职、想要开启一段亲密关系、想要结识一位新的朋友……无论动机是什么，我们都在渴望打破现状，寻求一种新的生活体验。

虽然改变每时每刻都在发生，可具有积极意义的改变其实很难实现。当我们想要向前一步时，总会遭遇各种各样的阻碍。但很多时候，这些阻碍并不是来自他人，而是源于我们自己的内心。我们习惯为自己寻找借口——能力达不到、坚持太困难……期望和行动之间永远横亘着现实这条鸿沟。我们想要改变却往往难以付诸行动，这背后的一个主要原因，就是缺乏足够的动力。如果拥有持续的动力，那么改变并取得成效就会是一个随着时间推移而自然发生的结果。

以我自己减肥的经历为例。我原本并不在意体重，因为律师职业对外形本就没有特别的要求，只要法律功底强、服务态度好就可以了。但在节目录制环境中，为了让自己在屏幕里看上去更干练、更利索，我决定减肥。这个时候，体重控制已经成为我的一个工作目标，而非个人好恶。在最初确定这个工作目标时，我就清楚自己一定能够成功。因为我知道自己能做成什么、做不成什么、能做到什么程度，以及减肥成功这件事有多少可能性。你看，这里面并没有太多情绪的加持，当减肥成为一个工作目标时，我就会用一种纯理性的态度对待，筛选最适合自己的方法，然后每天坚持完成固定的任务量。

拥有持续的动力意味着在达到目的的过程中，即使面对挑战和困难，也能保持积极态度和坚定意志。很多时候，持续的动力甚至能够激发你的内在潜能，你会感受到抵达目标过程中的满足感，以及发生在自己身上的切实变化。你会发现，自己的每一次努力都是为了更好地掌控结果的方向，每一次尝试都可能带来新的自我洞察。

当动力足够强烈时，自控力就会在行动中自然而然地形成，不用强求。"自控力"这个词最早出圈是在美国著名心理学家凯利·麦格尼格尔的书《自控力：斯坦福大学最受欢迎心理学课程》中，他认为自控力是一个人为了获得更长远的利益，用理性战胜眼前的欲望，进行自我控制的能力。在明确了减肥目标后，我就马上付诸行动，严格控制糖和碳水化合物的摄入，保持健康且规律的饮食习惯，还会增加运动量。有时候晨起空腹跑步，晚上再打一个小时的羽毛球。就这样一步一步坚持下来，自然就看到了结果。从开始减肥到现在，我瘦了将近 30 斤。

有些人问我，在减肥的漫长过程中会因为精神疲惫而陷入内耗情绪吗？答案是不会。与其让自己陷入焦虑，我更愿意利用这段时间完成分析评估—得出结果—制订计划—开始执行的全过程。减肥和其他所有想要改变的事情一样，最重要的是为自己设定明确清晰的目标。只要评估目标在自己的能力范围之内，即便实现它需要付出极大的努力，哪怕需要竭尽全力，我都会放手一试。

　　不要把时间浪费在无意义的自我内耗上。很多时候，击垮一个人的并不是生活中的困难与挫折，而是那些"再等等"和"改天吧"的心态。在那条"如果有下辈子，我想活成你的样子"的评论下面，还有另一条评论，说的是："别等下辈子了，就趁现在吧。"看到这条回复时，我的内心是欣慰的，改变不是遥不可及的梦想，是可以通过立即行动和持续动力来实现的。不要把希望寄托于未来的某个时刻，更不要让"下一次"和"等明天"成为行动的阻碍。趁现在紧紧把握，让自己成为自己喜欢的模样吧。

4

06

天才也是练习生

可能是因为我在节目和社交平台上的表达给大家留下了很深的印象，后来我收到了很多咨询，让我说说如何培养自己的表达能力。这个话题如果展开来说，内容足够再写一本书了。所以在这里，我会分享一些最简单有效的、能提高表达能力的方法，帮助大家"言之有物、言之有理"。

第一，轮到自己说话大脑就一片空白，不知道要

说什么，该怎么办？

面对"见人就紧张，一发言就大脑空白"的情况，我们要做的第一步就是克服紧张心理。我在读小学时，第一次在早操时面对全校师生做国旗下讲话，也感受到腿不受控制地抖，声音不受控制地颤。到了初中时，我成了国旗下讲话的司仪，每天要面对一操场的人，带着全校同学升国旗、介绍国旗下讲话的演讲者和主题、发布全校性通知，很快就对这种场面脱敏了。

所以，消除紧张最好的方法就是——见世面。到了一个新的环境，尤其是比此前自己见过的更大、更高、更复杂的环境时，我们往往会紧张、会结巴、会头脑短路。但如果见多了，适应了，再到一个新环境会觉得不过如此，自然就不会紧张了。

所以，迈出第一步，并不断迈出去，就尤为重要。如果实在害怕，步子一开始可以不用迈得太大。在还是小孩子的时候，逢年过节家庭聚会被长辈拉出来表演节目的事情，我们可能都经历过。我爸妈在我小时候也没少拉我出来，不仅在家庭聚会上，还有单位活动中，美其名曰"让你锻炼锻炼"。但现在回头看，锻炼到了吗？确实锻炼到了。我从一个舞台跨入下一个舞台，不断得到锻炼，才会有现在面对各种场面都从容不迫的我。所以对于容易紧张的朋友来说，克服紧张最好的方式，就是从最舒适的小环境中慢慢走出去，从小组 / 科室到班级 / 部门，再到全校 / 全单位，然后是对外的大环境。抓住每一次锻炼的机会，别退缩。

第二，只有极少数人天生就能说会道，大部分人都是通过后天训练来提升和加强自己的表达能力的。

　　一次，我和《令人心动的 offer》第五季的实习生许文婷直播时聊到这个话题，她谈到自己并没有表达天赋，甚至是因为小时候表达能力不好才被父母送去学习播音主持的。无独有偶，另一名实习生也是因为表达欠佳被送去学播音主持的。如果大家看过《令人心动的 offer》第五季，一定对他们流畅的中英文表达印象深刻，可大家有没有想过，他们曾经都是在这方面具有劣势的孩子。

我在小时候，在语言表达方面，也是经历了很多训练的。在那个时代，主要靠听磁带、看小画书（现在叫绘本）锻炼语言表达。于是我就一边听，一边跟着读，后来能力提升，不需要听磁带，看着书上的图片我就能完整复述磁带内容，甚至模仿语气。

到了小学，母亲每天接我放学，骑车二十分钟就能到家，但她会带着我慢慢走回去。一路上我就说当天在学校发生的事情，这不仅是亲子交流时间，也是母亲训练我的表达能力的时间。

在中学和大学期间，我开始有意识地参加各种类型的语言训练，演讲比赛、话剧表演、辩论赛、主持，对提高表达能力的各项要素——反应能力、逻辑性、感染力，进行更全面、更系统的学习。

中学阶段，我的表达能力已经成为非常突出的优势了，所以我才会在高考后选择有助于扬长的法学专业，在毕业后选择成为诉讼律师。但工作后，我仍会时常练习。刚开始出庭的时候，我会在开庭前一晚练习几个小时，使用不同程度下的法律意见表达，直到能够将几十页的代理词随心所欲地选择在两个小时内说完，还是二十分钟能说完，甚至两分钟总结到位。

所以，不要觉得我是天生表达能力好，我也是经过大量练习才达到现在的水平。

练习，不仅仅适用于表达能力的训练，也适用于很多其他能力的训练。有的时候，我们会用"优秀的人做什么都能成"去形容一些在多领域表现优异的人。这背后不排除本身厚积薄发的原因，以及自身素质能覆盖不同领域的基本能力要求。但我想，更多可能是因为，在一个领域优秀的人，习惯于通过练习获得进步，同时善于观察、分析、思考和总结，这种习惯已经形成了路径依赖，到了一个新的领域，直接复制这种方法论，依然能获得成功。

第三，有的时候，不是嘴巴没说到，而是脑子里没有。

表达是外在的，其对应的内在是思想。很多人觉得自己表达不好，其实没抓到核心，核心可能是没有想法、没有逻辑（当然不排除少部分人有时候确实嘴跟不上脑子）。如果有想法、有逻辑，不需要天花乱坠的修饰，不需要抑扬顿挫的渲染，一样可以深入人心，甚至振聋发聩。

接下来的问题是，如何有思想？如何有逻辑？这就是更大的问题了，包括如何提高认知、如何拆解话题、如何发散思维、如何整理结构。再说下去，可能真的又要写一本书了……

所以这里，我的建议还是上面提到的——多读书、多实践、多思考。

一提到多读书，就会被追着要书单。书单真的因人而异，其实最重要的是，自己读不读得进去。所以我有一个非常简单的方法——打开任何一个大众普遍认可的图书排行榜（比如"豆瓣读书"），按照排序从高到低，一本一本读下来（可以读电子书，也可以读纸书）。每本先读个十分钟到半个小时，看看自己能不能读下去。如果很喜欢，就下载电子书或者购买实体书读完；如果不喜欢，半小时内就放弃换下一本。读万卷书，行万里路，诚不我欺。如果只读书不实践，有可能就只会纸上谈兵。举个最简单的例子，你上课学了数学公式，但遇到复杂的应用题，可能还是不会运用这些公式来解题。读书和实践的关系也是如此。读书过程中的领悟，只有带入实践中去思考、去验证、去推翻、去重塑，才能形成自己的价值观。

　　我们在读书和实践中穿行，需要用思考来连接。否则道理都是别人的，自己其实并没有真正明白。

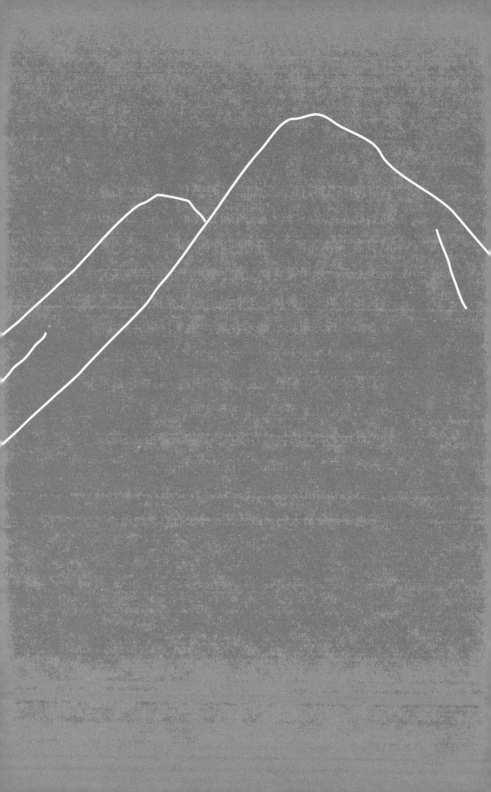

第

6

章

答案
在路上

01

何以为家人？

前段时间，有一名女生在社交媒体上找我倾诉，那时她正因为和父母在某件事情上的看法不同而感到困扰。在不知该如何与父母继续沟通时，她带着迷茫和委屈来向我寻求建议。

她向我吐槽，从小到大，父母都对她有很强的控制欲，大到选择学校、专业，小到日常的时间安排、和哪个朋友交往，父母总是希望她能按照他们的意愿做事。虽然她心里并不乐意，但面对来自父母的压力也无计可施。她很苦恼现在的状况，急迫地想从父母的控制中挣脱出来，询问我到底该如何是好。

　　我是一个很理性的人，即使面对这类和父母关系相关的问题，也会想要从多个角度理性分析。其实这名女生的情况很常见，父母可能因为过度担心孩子的未来，或是对孩子的依附感太强，对孩子施加过多控制。我很能理解这名女生的心情，但还是想让她先从委屈、焦虑的情绪中平静下来。有时候，我们会因为情绪激动而误解彼此的意图。**仔细分析当时的情况，我们需要区分清楚的是，父母的控制是出于对我们的担忧，还是他们自身的不安全感。有一种情况是，父母出于爱意，担心我们在外面的世界受伤，所以根据他们自己的成长经验和人生阅历给予建议。但可能因为没有把握好言语的尺度，或者缺乏一定的换位思考，让我们觉得这个建议听起来难以接受，像是一种来自"权力"的控制。**这之中的感受如人饮水，冷暖自知，只有自己才能完全理解其中的酸甜苦辣。

坦白说，我的家庭环境一直都是比较轻松和开明的。在我小时候，我和父母在一些重要的人生选择上也会有意见不一致的情况，但我们家的决策程序是，在我决策前，父母给予充分的建议，并向我阐释他们的理由，以及他们所预见的不同选择的后果。而我一旦做出决定，无论是否采纳了他们的意见，他们都会给予我全力的支持。即便后来事实证明，我的有些选择并不正确，他们也从未对我有过任何抱怨或责怪。

在高中文理分科时，因为我的父母曾经学的都是理科，加之当时普遍认为"学好数理化，走遍天下都不怕"，他们自然希望我选择理科。然而，我对自己进行了一轮分析，认为自己的记忆力出色，也能够融会贯通，在文科上有明显优势，选择文科更有利于我冲刺一所好的大学。而且我对社会科学非常感兴趣，选择文科更可能走向我喜欢的职业，所以就坚定地选择了文科。虽然父母最初对我选择文科的决定有些遗憾，但在我做出了最终选择后，他们就给予了我全部的尊重和支持，不再提起这件事。

家庭给了我许多鼓励和安全感，父母的建议就像是我探索世界前的重要攻略，帮助我补齐因为缺乏社会经验而导致的信息差，做出更为明智的选择。然而，随着时间的推移，我逐渐意识到我与父母的关系有了一些微妙的变化，他们不再像以前那样频繁地给我建议，反而开始更多地征求我的意见。他们似乎在得体地退出我的成长，目送我飞往更广阔、更自由的天空。

第一次有这样的感觉是在我工作的第二年，那时我实现了经济独立，父母不再帮我支付房租。过年回家时促膝长谈，我爸问了我很多问题，对现状的看法、对未来的想法。他们在与我聊天时逐渐发现，我对自己的职业发展、生活有了越来越成熟和深刻的理解。当看到我努力获得的成绩时，他们不仅为我感到自豪，更多的是放心。他们开始明白我已经可以为自己的生活负责，对自己的未来方向有明确的判断，即便没有他们的帮助，我也能独自撑起自己的明天。

如果父母的控制是出于他们对我们的关心，或许"放心"二字就是解决问题的关键。让父母放心，他们就会安心。毕竟，他们明白自己不可能永远陪伴在我们身边，终有一天，我们需要独自前行。所以，现在我们要做的，不是急于改变父母的言语和行为习惯，或是大吵一架拒绝和父母交流，而是先从自身开始，尽量耐心地接受他们那些"以爱之名"的建议，不要被他们刺痛，更无须强求他们改变，带着理解和包容的心态，然后凭借自己的能力和实际行动，逐渐让他们相信我们能够成为自己生活的真正主人。

当然我的这些建议更多的是源于自身经验，我理解有一些偏离正常逻辑的原生家庭无法用这样理性的思维去对待，这种情况另有出路。但对于大多数人而言，只有调整好自己的心态，包容地看待一切事物，才能真正走出关系的困境。

很多人在面对父母强烈的控制欲时，总想以断绝关系的方式获得解脱，但这并不现实。其实我们想要

"摆脱"与父母构建起来的家庭关系往往不是因为有问题，每个人的成长都是在走出家庭——从父母手把手将我们养育长大，到我们成为能够独当一面的大人；从我们牵着父母的手蹒跚学步，到奋力奔向自己的人生目的地。成为一个勇敢且独立的人，是真正走出家庭的标志。这不是在家庭关系中受了伤才要做到的事，是每个人都该为自己做到的事。

小时候，我们总以为世界的答案都在父母手里，他们似乎无所不知、无所不能，长大后才明白，往后的日子要靠我们来引领父母了。他们可能搞不清楚怎么使用最新款的手机，会逐渐跟不上社会潮流的步伐，在这个时候，我们更需要等一等他们，拽一拽他们。如今，我的父母会常常依赖我的建议和帮助，每当为他们解决生活中的难题时，我就会想起小时候他们竭尽所能保护我的情形。我也终于可以成为他们的坚强后盾，正如他们曾经是我的避风港。

02

我们只是不易，不是不行

从清华大学毕业的那一年，教刑法学的教授把我叫到办公室聊天，她和我说了一句让我印象极深的话，她说："思远，你知道吗，在许多领域，女性需要比同一水平线上的男性付出更多，才能获得相同的机会。"

当时的我，半只脚刚刚踏出大学校园，还未领略到这句话的深意。而如今，千帆过尽，我才真正体会到，女性想要独自在职场中坚持、成长并且有所作为，是一件多么不容易的事。

在《令人心动的 offer》第五季节目中，有一个环节是我们所有的带教老师和实习生们围坐一桌，畅谈聊天，中途一名实习生问了我一个问题："在律师职业发展过程中，你遇到的最大障碍是什么？"这个问题将我的记忆又拉回了大学毕业时，教授和我聊天的那一刻。

偏见，是很多女性在职场中不得不面临的问题。其实在律师行业，性别偏见已经算是比较少的了，因为律师的核心职责是提供专业的法律服务和建议，这与性别的联系并不是特别强。相比之下，有些行业属性与性别特征关联更强，或许会有更大的偏见。但在律师圈，年龄偏见是一个更为突出的问题。人们会因为一名律师年纪小而怀疑其经验不足，会担心这个案件能不能被放心地委托；或者在评级和评奖时，因为一名律师太年轻而不愿意给予应有的认可。所以，偏见是无处不在的，无论是性别偏见、年龄偏见还是学历偏见，很多时候，我们需要直面它们。

但有时候我们也需要跳出来，从更广阔的视角来看待偏见。因为它背后的问题，并不是用"偏见"这一个词就能概括的。很多时候，人们之所以形成某种偏见，是因为大多数人表现出了一种普遍特征，从而让人们产生了一种经验主义的看法。比如说，大家普遍会认为男性在体力劳动、技术劳动方面表现得更好，而女性在人文关怀、沟通协调方面会更加出色。又比如说，你自己去找医生，是不是也想找一个年龄大、看起来经验丰富的？这些群体性特征并不能成为评判具体个体的标准。要扭转大众对群体的印象很难，而作为个体来说，在自己身上努力打破偏见是更为可行的方式，关键是要在某个或者某些方面"超越"那些普遍经验，让自己成为那个与众不同的少数派。如果用偏见来回应偏见，可能会觉得全世界都与自己为敌，但如果不将这些看法看作偏见，想的是摆脱大众对自己的刻板印象，摆脱大部分群体的群体性特征，就会获得向上的动力。**所以在偏见的问题上，首先要转变自己的心态，这或许是最切实可行的第一步。第二步，**

是学会如何在行动上摆脱偏见。

　　前段时间，我看了一本关于心理学的书《被讨厌的勇气："自我启发之父"阿德勒的哲学课》，主要讲的是面对他人的不认可，就算被讨厌了也无妨，因为你有更值得关注的人生议题，周围人的"潜台词"都不应该成为你向理想人生迈进的阻碍。我十分赞同这个观点，因为我的亲身经历也印证了这一观点。从小城市走到"红圈所"合伙人，从被选择走向主动选择，在这趟从边缘位置走向中心的长途跋涉中，我听到了太多带有偏见的声音。但我清楚地知道，想要为自己挣得中心位置的入场券，最有效、最有价值的方式就是打磨好自己的专业能力。

　　2017 年时，我遇到了一个很有挑战性和行业影响力的案子。开庭时，客户公司的董事长也出席了，刚见面时，他的目光在我身上反复打量，似乎透露出一种"小丫头如何担起大任"的怀疑。对此我并未做过多的自我介绍，而是正常地寒暄、熟练地引导客户进庭审现场、平静地做庭审前注意事项的告知，然后全身心投入到我的庭审发言中去。我知道，此时不仅裁判者在评判我，客户也在评判我。

庭审结束后，我听到原本对我抱有怀疑的董事长向他的同事评价我说："这个律师特别好，不卑不亢、字正腔圆。"后来董事长甚至半开玩笑地提出要挖我去他们公司工作。听到这样的正面反馈，我自然是很开心的，不仅仅是因为我成功地扭转了他人对我的怀疑，更是因为我依靠实力为自己赢得了尊重和信任。要摆脱偏见，没有太多技巧，只有投入更多时间和精力，不断积累自己的思考，一步一步稳扎稳打，让事实和实力站在自己这一边。

毕业后，进入人际关系更为纷繁复杂的社会，我接触到很多想要为自己"赢一次"的女性，我自己也是这样的人。我所有的一切都是靠自己的专业能力打下来的，靠自己卖命卖出来的。这一点让我强烈地感觉到，一名女性如果不想仅仅凭借妻子、母亲这样的身份确立自己的价值，就要实实在在地做自己想做的事情，和自己死磕是唯一的出路。

我在一路向前的过程中，遇见过很多非常优秀的女性企业家和女性合伙人，因为同样的性别所带来的理解和共情，让我们在职场中彼此欣赏、信任、帮助和依靠。如今，我的团队里有了越来越多的女性伙伴，我希望她们的职场道路能够走得比我顺畅轻松，所以在力所能及之处，我都会给予她们最大的物质保障和心理安全。

当有更多女性站出来成为彼此的依靠时，我们就有更大的底气喊出：我们只是不易，不是不行。

03

如果一切归零重启，你敢不敢？

2024 年年初，我在社交媒体上发布了一条招聘公告，想要寻找志同道合的小伙伴加入团队。这则招聘吸引了几千人询问，很多人问我："我现在 30 岁了，想转行到法律行业，还来得及吗？"我没有在评论里直接回复，但想说的是，只要你有将自己归零重启的意愿，一切就都来得及。

不过，我所说的归零重启并不是像将手机格式化一般完全重新开始，而是在过往经历和经验之上，将自己的心态调整为"空杯"状态，放下曾经的成败得失，不给自己任何压力，重新"轻装上阵"。这和完全重新开始最大的不同之处在于，你对过去的总结和思考都会转化为再一次重启时的武器和弹药，你并不是在抛下所有，将自己变成一张白纸，而是基于过去的能力和经验吐故纳新，去拥抱新的可能。

或许这样说你仍然觉得有些抽象，我们不妨根据上文提到的招聘做一道情景题加深理解。假设你是面试官，现在有两位岗位候选人：一位是法学专业毕业的大学生，20 岁出头；另一位是转行过来的应聘者，30 岁，已经积累了一些工作经验。两人的面试表现都差不多，但岗位只有 1 个，该怎么选？

其实双方都有自己的优劣势。如果你站在 30 岁求职者的视角上，要特别注重四个关键点。第一，专业知识的新鲜度。20 多岁的应届生，他所掌握的知识是最新的，而对于 30 岁的转行者来说，他需要额外去证明自己的专业知识依然是牢固的。第二，学习能力。20 多岁的人通常被认为学习能力更强，所以 30 岁的求职者要展示出自己仍然能接受新知识，仍然保持着持续学习的能力和激情。第三，体力。尤其是在像"红圈所"这类需要承担高强度工作的地方，能否保持足够的体力应对工作压力是被衡量的重要指标。年轻人身体素质一般更好，但如果加强体育锻炼，年龄大也不会是个问题。第四，也是最重要的——心态。面试官会考虑到工作磨合的问题，如果磨合成本太高，就会极大降低工作效率。20 多岁刚出校园的应届生，像是一张白纸，可以吸收全新的工作习惯，从零开始积累经验。而对于 30 岁转行的应聘者，面试官最看重的是他是否能够放下过去的经验和习惯，用开放的心态去适应和学习工作中的新模式。如果能够拥有空杯心态，那么对比 20 多岁的年轻人，30 岁所带来的丰富经验和人生阅历将成为优势，这些积累可以为自己在职场上提供更深刻的洞察力和更成熟的处理问题的能力。但如果缺乏空杯心态，那些随着年龄增长而形成的"固执"思维，就会成为面试中的劣势。

　　归零重启的核心内涵便是在心态上先抹除过往的所有成绩与荣誉。因为即便过去有再宏伟的成就，也无法代表你的未来。如果一味沉浸于已有的成绩，只能让自己停滞不前，永远活在对过去的回忆之中。既然确定重启，那就大胆翻开新的人生空白页。翻开之前可能会慌张——未来到底会怎么样，是比现在更好，还是更糟糕？这是未知的。但这就是生活的魅力所在，唯一不变的就是始终在变，而不断变化意味着人生始终在归零和重启。

　　这种空杯心态是我在长江商学院学习时，学到的非常重要的一课。开学的第一次班会，班主任就明确地告诉我们，尽管每位同学在外界都是企业主，但在这里，同学之间不允许以"某某总"来称呼，如果有人习惯性地这样称呼别人，那么被称呼的人需要做俯卧撑作为小小的惩罚。注意哦，是被称呼的人，而不是喊出"某某总"的那个人。这是因为如果你被喊了"某某总"，就会被判定为你是因为还端着"某某总"的架子，才会让别人无法对你直呼其名。这是一种提醒，更是一个信号，要求大家充分展现出应有的空杯心态。以学生身份重新回归学习，就要让自己像空杯一样准备接受新知识。只有杯子是空的，才能继续往里面装水，持续学习和进步。

这种心态，我在录制《令人心动的 offer》第五季时也与实习生们聊过：既然来到了这里，过往的简历、成绩或是学历，无论是有优势的还是有劣势的，都不重要了。大家需要的是敢于把过去的一切都放下，荣誉也好，失败也好，统统都要放下。只有释放过去的包袱，才能在这里以全新的身份开始，像新手一样去学习和成长。

当然，面对一切为零、未来未知的情况时，我们的内心一定会有焦虑情绪。但是，消耗情绪度日是对时间的浪费，只有行动能换来探寻前路的一点光亮。

　　进入竞天公诚律师事务所做合伙人后，我就经历了归零重启的时刻。原本，我的工作更多专注于业务方面，现在还要负责资源开拓、团队管理。对我而言，这些课题都是全新的尝试，我必须全身心地将自己转换成一个学习者身份，保持归零心态，学习综合能力方面的所有课题。那段时间，我恨不得把一天 24 小时掰成 48 小时来用，别人用 3 年时间成长，那我就要用 1 年时间，更高效率、更高质量地完成。在竞标时，为了能稳稳中标，我经常通宵想方案。我会不停地问自己，这个方案只能是现在这样了吗？能否换个角度，做得更好一点？其他竞争者是不是也能提出目前这样的方案？我还能有什么高招？正是因着这样不断地推动自己"再往前一步，再尝试看看"，那段时间，我以一种 2 到 3 倍的学习速度飞速成长，完成了业务专业型人到综合全能型人的转变。

　　你永远不知道要做到什么程度才会迎来转机。这里我有一个非常抽象的衡量标准：当你回想起来时，这个过程会不会有遗憾？如果你惋惜，要是当时再坚持拼一下就好了，那就是还没发挥全力，你还要继续加油；如果你认为，这一趟辛苦即使没有成功，也值了，那你就已竭尽全力，行动的过程已经超越了结果本身。

　　所以，不论你身处人生的哪一阶段，不论你想开启哪一个未知选择，都不要害怕，归零重启意味着一个新的起点、新的赛道。一个本身不自信的人，可能踮着脚才能够上现在的门槛，归零重启可以让他放下所有自卑、怯弱和汲汲营营，和高手站在同一起跑线上，清清爽爽地出发；一个自带光环、拥有无数荣誉的人，可能背负了太多期待与责任，归零重启可以让他不再"戴着镣铐跳舞"。很少有人能一辈子躺平在学历、名利、荣誉里，当所有的一切都重新开始，人生就充满了无限可能和希望，驱使我们不断向自己发起挑战，超越局限，最终拥抱新生。

04

步履前行，可缓可急

不久前，我参加了一场律师行业的职场脱口秀，主办方定下的主题是"我想要的生活"。听到这个主题时，我的第一反应居然是——一觉睡到自然醒。坦白说，我真实的生活状态是这句话的反面——我经常连续一两个月无法正常休息，加班到深夜几乎是家常便饭，连轴转的同时经常还要赶早班机。前几年，在刚成为合伙人的时候，我甚至很怕生病，生怕会因此影响工作节奏。可能缺什么就会想要什么，我在那场脱口秀的结尾喊出：人生得意须尽欢，周末双休不加班！

但前段时间，我见到了杨天真，和她有了一次深度对话，这次对话让我开始思考生活的节奏是可以调整的。天真姐比我大几岁，但我们是在差不多的年纪开始创业的，她在 29 岁创办壹心娱乐，而我在 30 岁开始做合伙人。前几年，她也处于一刻不敢停歇的状态，一直在忙碌地工作。但前段时间，她给自己放了个长假，用四个月的时间去环球旅游。最近，她又有了新的学习计划，打算沉静下来全面吸收新的知识。在现在这个阶段，她想要让自己慢下来，去经历、去感受新的生活。

和她的对话给了我很大的启发。虽然我也很爱旅游，经常利用零碎的时间换个城市过周末，感受不同城市的人文气息和自然风光，但是像她一样拿出较长的时间去体味人生，我现在似乎还不能做到。这些年来，我一直处于不敢喘息的状态，在激烈的市场竞争中寻求自己想要的定位。不过在她和我说了自己的故事后，我也特别想看看未来会不会也和她一样，让自己慢下来，去过另一种形态的生活。

　　当然，我知道彻底改变生活方式并不是一件容易的事情，但在日复一日的生活中，在感到疲惫时放慢脚步，在争取目标时紧张起来，这是可以做到的。人生更像是一场马拉松而非短跑，不是永远保持某一种节奏持续下去，而是要根据自己当前的状态灵活调整。在所处的不同阶段，根据需求和能力，调整生活的步伐。如果一直处于忙碌的工作状态，我们可能没有时间停下，跳出当下的状态，以旁观者的身份回望，导致对自己身处何处缺少定位，对自己将走向何方缺乏思考。相反，如果总是处于一种松懈和懒惰的状态，生活可能就变成了日复一日的敷衍，缺乏目标和动力，你只是在无精打采地度过每一天，等想要再次"启动"时，可能已经如生了锈的机器般，不适应转动的节奏了。

　　之前看到一个关于 OpenAI 的创始人萨姆·奥尔

特曼的采访，他在卖掉自己的第一家公司后，休息了一整年，阅读了很多本书，这之中就有关于人工智能的，然后他就研发出了 OpenAI。这一年，他不仅进行了生活节奏的调整，还进行了方向的调整。这一年是休息，也是充能，更是自我审视和反思的机会。以这样的方式，我们能够更深入地探索自我，发掘内在的需求和潜力。

所以，无论是放慢脚步还是全力狂奔，只要当下的行为符合自己此刻的心境，是自己想要的，那便是有意义的。放慢脚步可以是暂时的休息，也可以是为了蓄能。而那些让我们疲惫的奔波，也并不仅仅是为了生存，或是对生活的妥协，从另一个角度看，它们是我们为了积累更多能力所上的必修课，是通向远方终点的必经之路。

人生的这场马拉松，并不要求我们始终匀速前进，时而全速冲刺，时而走走停停，这未尝不可。

这个道理，对于年轻人来说可能不太容易理解，我自己也是经历了才明白。而且我相信随着我的年岁增加，我还会有新的感悟。这不仅与长期重复处于某种状态中，身心疲乏所释放的信号有关；与不断获得成果后自身目标的转变有关；也与认知提升后对自己和世界的重新定位有关。20 多岁时的我，会将全部精力投入工作，想要努力证明自己的价值、找到自己的位置。而现在，站在人生的这个阶段，处于现在的位置上，我更关注对未知世界的探索和对内心的回应。不断向前是一种能力，适时停下是一种勇气，让两种节奏相互交织、协调一致，才是智慧。

在人生的马拉松中，每个人的速度和步伐都是不同的。有的人可能一开始就迅速冲刺，有的人则选择稳健地慢跑。但无论如何，真正在跑步的人是你自己，只有你才能感受到自己的节奏，知道自己在当前状态下需要什么样的速度。

这条路还很长，不要对当下太苛刻，也不要对未来太怠慢。

05
你是自己人生的第一负责人

有一次，我以职场导师的身份参加了一场关于毕业季的直播答疑活动。在将近 3 小时的互动中，"我很迷茫，不知道怎样才能做出正确的选择"这个问题被最为频繁地提及。在我的社交媒体私信中，也常看到类似的提问："我刚本科毕业，是应该继续攻读研究生，还是应该直接进入职场？""我现在面临职业选择，到底是加入甲方公司迎接大平台带来的机遇与挑战，还是继续留在乙方公司深耕专业领域？"在《令人心动的 offer》第六季里，一名准备继续深造的实习生也问了我类似的问题——是很快在一个领域定下来追求明确的职业发展路径还是广泛探索之后再做选择？其实，任何关于选择的问题都没有固定答案，都因时因地因人而异。我所能做的，只是在获得的有限信息中，分析每个选择可能会出现的情况以及所需的能力、品质，以自己的经验为大家提供一个视角。

事实上，这些问题真正的答案只能依靠自己去寻找，而你选择了什么，什么就是标准答案。 人生本来就是多面的，每个人都有自己特定的生存方式和价值，绝不是像一般的商品一样拥有统一规格和标准。我最害怕看到的评论就是"刘律，因为你的一句话，我选择了……"，你的人生应该由你自己根据内心的声音来决定，旁人的建议可以作为经验参考，但它们终究是别人的观点，只能作为了解自己和缩小信息差的一种途径，并不是唯一的正确答案，很多时候它们可能不适合你，甚至可能是错误的。

在我高二那年，高三的学长学姐们高考完后组织了一个跳蚤市场。我路过时，一个师兄向我兜售一本收录了"清北"高考状元学习经验的书。我告诉他，我不需要别人的经验，我更相信自己的经验，别人的经验不一定适合我。因为那时候，我已经形成了一套成熟而有效的学习方法。后来，我一路成长，也一路听取了各种意见，东学一点，西学一点，终是走出了一条真正属于自己的道路。

为自己做出真正适合的选择也是与自己达成共识的过程，你早晚能构建出自己的叙事逻辑，让一切变得合理。即便做了别人眼中难以理解的事，最终所有的事情也都将归为"我的选择"，而非"他人观点的附庸"。无论是工作、定居城市这类大问题，还是吃什么、穿什么衣服这些小事，都应该独立地依照自己的心意选择，只有你是自己人生的第一责任人。

"自己才是自己人生的第一负责人。"这一直是我的父母对我的教育观。高考后，当时父母想让我报考另一所学校，但我坚持要报清华大学，他们也非常尊重我。当然他们也说，如果最后出了分，我明明能考上清华大学，却因为他们的强烈要求报了另一所大学，我可能会怪他们一辈子。所以他们觉得人生的重大选择都应该由我自己来做，无论是选对了，还是选错了，结果都要自己承担。有一句话叫"自己选的路，跪着也要走完"。这句话我同意前面一半，路一定要自己选择。但如果发现自己选错了方向，就应该及时止损，改变路线。后来我在很多选择上都坚持了前面半句话，完全基于独立思考，分析自己的真实情况，依靠自己去做判断。这样无论成败，才能不怨天、不尤人。

当你明白所有的道路都是自己的选择时，就会发现无论事情的结局如何，成功也好，失败也罢，你都能从中收获能量。你会在困境面前保持洞察力，在失败中找寻经验，在高压下学会专注。

把选择权握在自己手中，这是人生的第一层意义。

第二层意义，不是所有选项都值得选择，我们需

要明白选择是有门槛的。真正值得我们选择的是那些能够让我们获得自我成长、发挥自我价值的事情，能够彼此尊重、相处和谐的环境，以及能够同频共振、共同成长的同行人。

举一个"要不要离职"的例子，这是一道典型的选择难题。我们每个人都会抱怨工作，时常会有"不想干了""想辞职"的念头，但什么时候是真正应该离职的时候呢？我的答案是内心会告诉你。如果你的心态已经完全失衡，每天上班都郁郁寡欢，那么这就是应该思考是否需要离职的明确信号。我和身边的很多人都分享过一个观点："**开心是人生中最重要的一件事。**"**一个人如果长期处于充满负能量的环境中，不仅情绪会越来越沮丧，职业发展也可能步入下坡路。**

当然，评估离职必须先判断自己的情绪和状态。一些人因轻微的不快而情绪化地表达离职意愿，这通常只是情绪发泄，是抱怨。没有一个选项可以在每个方面都让我们感到快乐、舒适。但如果在正常状态下，身体给了我们负面的情绪信号，理性分析后，确认问题是由环境造成、并非我们能改变、会让我们过度内耗的，那么我们可能就走到需要离职的时间节点了。在职场中，我们不可避免地会遇到令人觉得奇葩的人或事，不是所有情况都值得我们去适应或选择。当认识到某些选择不值得继续投入时，趁早跳出去，及时做出改变才是明智的。

　　我们拼命努力不就是为了尽可能地将命运的选择权攥在自己手中吗？千万不要被动地忍受不满，夹在世俗的目光与他人的意见里动弹不得。我一直信奉能力是最大的底气，因为在某些时刻，能力可以让我们在面对某些不合理的情况时，以更体面的姿态离开。

　　在工作中，不是所有人都能尊重我的专业能力，遇到这种情况时，我绝不会苦苦向对方证明我可以，而是果断放弃。我相信，我不需要向全世界证明我的能力，在那些能看到自己光芒的地方闪闪发光，就已经足够。面对布满荆棘的前途，我们不能怕辛苦，但是辛苦要值得。

第三层意义，虽然选择没有对错，也没有好坏，但我仍然希望你可以选择能抵达人生目的地的那条路。

前面提过一句话：人不一定要往高处走，人可以往四处走。如果是你，你想往哪里走？如果这个问题出现在 10 年前，我可能会毫不犹豫地选择"往高处走"，彼时我还秉承着站得高看得远的人生信条。但如果把问题放到现在来回答，很多高峰我都攀过了，所以就可以考虑不用那么辛苦往上爬，溜溜达达看风景也不错。因为我看重的是，我对这个世界的认知有没有提高，我对自己的认识有没有更清晰。面对人生，单纯提升高度是一种角度，铺开广度也是一种角度。

所以走什么样的路，取决于你想走什么样的路——想站得更高，还是铺得更广，抑或是就地安营扎寨？关键在于，你需要问问自己：什么东西对我而言是最重要的？只有真正了解自己，知道自己想要什么，才能做出最适合自己的选择。每一条路都有独特的风光和终点，每一个选择都值得被坚定和认同，唯一一点，我希望这条道路能够让你尽情发挥自己的才能与光热，能够让你自己感受到快乐与满足。

人生就是无数选择的总和，成为什么样的人，拥有什么样的生活方式，如何度过一生，往往都是自己选择的结果。人一天要做无数个选择，每个选择都可能开启一个不同的平行时空。如果真有平行时空存在，那么现在的你，就是由你过去所有选择共同塑造的结果。正是你的选择，构建了你的世界。

一次开车的途中，我被堵在拥挤的高架桥上。这时，导航突然说："虽然前方道路拥堵，但你仍然在最优路线上。"很少有人能够一生一路畅通、一帆风顺，我们总是会遇到迷茫的时刻。不必纠结自己是否选错路，更无须抱怨进程缓慢。你要相信，既然已经做出选择，既然已经在路上，向前便是最好的路。

附录

Q： 总是害怕尝试，应该如何是好？

A： 当面临抉择时，我们不妨先想象一下，如果尝试跳起来却够不到目标，那么退后一步的结果是否仍在自己的接受范围内。如果是，那么为何不冒险一搏，勇敢地跳起来，去争取可能的机会呢？

Q： 如何管理自己的金钱？

A： 现金流管理取决于你对未来发展的预期。如果你对未来的判断保持谨慎或悲观态度，那么就应该相应调整自己当前的行为。如果你对未来的判断是乐观的，并且这种乐观是有依据的，那么你就可以根据预期的未来情况，规划自己的现金流。

Q： 如何在工作中提升自己？

A： 很多人在工作时，不愿意暴露自己的不足之处。其实坦然面对自己的短板并不是一件坏事，重要的是要降低与上级、协作同事之间关于信息的不对称性。不要害怕接受负面评价，只要这些评价是公正和客观的，它们都是可以接受的。在此之后，面对这些评价，正视自己的不足，然后努力去弥补短板，这样就能获得进步。

Q： 职场新人如何不当显眼包又能让老板看到？

A： 做好自己手里的那份工作，然后把这份工作高质量地完成，这时候就已经可以给你的工作打 90 分

了。如果在完成任务之后，还能持续地跟进，关注
工作的后续进展，或是思考这份工作成果能给自己
带来什么样的长远影响，那么你就已经超越了基本
要求，达到了一个更高的层次。同时，确保上司能
看到你的努力和成果，及时向他们汇报工作进展。
仅仅埋头苦干而不沟通，可能会让你的努力被忽视，
这是非常吃亏的。此外，向客户展现自己出色的工
作能力和情绪价值，有时客户的正面反馈也能在上
司面前为你加分，从而赢得更多的认可和赏识。

Q：感觉总是像螺丝钉一样做着没有价值的工作怎么办？

A：很多刚步入职场的年轻人会觉得自己的工作微不

足道，做的都是螺丝钉般没有价值的活计。很关键
的一点是，自己先不将自己视为螺丝钉，而是认识
自己手头上的工作在整个系统中的作用是什么，观
察自己的工作成果被应用到了什么地方，这样才能
意识到自己的价值所在。所以，不要因为工作看似
平凡而感到气馁，能否获得晋升机会、上司是否愿
意赋予更多责任，这些往往基于个人过往的表现。
所以，你应该持续展示自己的能力和价值，总会迎
来量变转向质变的那一天。

Q：如何平衡好工作和家庭？

A：平衡的另一面是失衡，而平衡点就在于这两者

之间。对于事业心较强的人来说，他们的平衡点会趋向于工作，家庭主义者则相反。可即便是同一个人，在不同阶段的平衡点也会有所差异，年轻时会更有拼劲，年长了就会考虑回归家庭或者享受生活。所以平衡点要根据个人的价值观、生活方式、行为习惯、年龄阶段等各方面来调节。根据当时的心境，不断调整自我平衡点，并且寻找与之相匹配的工作和生活方式，就能够实现内心的和谐与自洽。

Q： 怎样才能做到内核稳定？

A： 所谓内核稳定，就是两点：情绪相对稳定，精神足够强大。保持内核稳定的关键点在于，自己要拥有足够的积累，以确信自己的选择是正确的，并通过实践来验证这一点。如果你的选择基于自己的人生哲学或价值观，并且大多数情况下都取得了成功，那么这就会成为增强自信的一种方式，让你面对未来决策时能更加坚信自己的理念，并依照它实践。当你拥有了这样的自信时，情绪和精神自然会变得越来越稳定。

Q： 如何看待和别人比较？

A： 比较并不是完全不可取的，关键在于和别人比较时的心态。如果别人确实有值得自己学习的地方，那么就向他们看齐，努力提升自己。"三人行，必有我师焉"，这是一种值得推崇的态度。当发现自己在某些方面不如他人时，应该先分析客观原因，比如差异是不是因为年龄、经验或视野导致的。在寻找正面激励的同时，也要接受自己的现状。不必自怨自艾，要相信天生我材必有用，只要找准自己的定位，一定能够发光发亮。

Q：如何看待容貌焦虑？

A：不必因五官不美而感到不安，外表只是一副皮囊。虽然在某些程度上，维护形象是必要的，但真正的形象管理并不局限于护肤、化妆或穿搭，更重要的是多读书、多实践、多思考，由内而外提升认知，修炼气质，让自己自信坚定。当做到这一点时，你会发现美丽不取决于外界怎么看自己，而是取决于自己的内心如何看自己。

Q：怎么做到"我命由我"？

A：一是通过不断学习和实践来提高自己的基本能力；二是在深入了解自己之后，做出明智的选择；三是当机会来临时，有勇气和决心抓住它。